피아노가 들려주는
자연수 이야기

백석윤 지음

NEW
수학자가 들려주는
수학 이야기
04

페아노가 들려주는
자연수 이야기

|주|자음과모음

수학자라는 거인의 어깨 위에서
보다 멀리, 보다 넓게 바라보는
수학의 세계!

　수학 교과서는 대개 '결과'로서의 수학을 연역적으로 제시하는 경향이 강하기 때문에 학생들은 수학이 끊임없이 진화해 왔다고 생각하기 어렵습니다. 그렇지만 수학의 역사는 하나의 문제가 등장하고 그에 대해 많은 수학자가 고심하고 이를 해결하는 가운데 새로운 아이디어가 출현해 온 역동적인 과정입니다.

　〈NEW 수학자가 들려주는 수학 이야기〉는 수학 주제들의 발생 과정을 수학자들의 목소리를 통해 친근하게 이야기 형식으로 들려주기 때문에 학생들이 수학을 '과거 완료형'이 아닌 '현재 진행형'으로 인식하는 데 도움이 될 것입니다.

　학생들이 수학을 어려워하는 요인 중의 하나는 '추상성'이 강한 수학적 사고의 특성과 '구체성'을 선호하는 학생의 사고 사이에 존재하는 간극이며, 이런 간극을 줄이기 위해서 수학의 추상성을 희석시키고 수학 개념과 원리의 설명에 구체성을 부여하는 것이 필요합니다.

　〈NEW 수학자가 들려주는 수학 이야기〉는 수학 교과서의 내용을 생동감 있게 재구성함으로써 추상적인 수학을 구체성을 갖는 수학으로 변모시키고 있습니다. 또한 중간중간에 곁들여진 수학자들의 에피소드는 자칫 무료해지기 쉬운 수학 공부에 윤활유 역할을 해 줄 것입니다.

〈NEW 수학자가 들려주는 수학 이야기〉의 구성을 보면 우선 수학자의 업적을 개략적으로 소개하고, 6~9개의 강의를 통해 수학 내적 세계와 외적 세계, 교실 안과 밖을 넘나들며 수학 개념과 원리를 소개한 후 마지막으로 강의에서 다룬 내용을 정리합니다.

이런 책의 흐름을 따라 읽다 보면 각각의 도서가 다루고 있는 주제에 대한 전체적이고 통합적인 이해가 가능하도록 구성되어 있습니다. 〈NEW 수학자가 들려주는 수학 이야기〉는 학교 수학 교과 과정과 긴밀하게 맞물려 있으며, 전체 시리즈를 통해 학교 수학의 많은 내용들을 다룹니다. 따라서 〈NEW 수학자가 들려주는 수학 이야기〉를 학교 수학 공부와 병행하면서 읽는다면 교과서 내용의 소화 흡수를 도울 수 있는 효소 역할을 할 것입니다.

뉴턴이 'On the shoulders of giants'라는 표현을 썼던 것처럼, 수학자라는 거인의 어깨 위에서는 보다 멀리, 넓게 바라볼 수 있습니다. 학생들이 〈NEW 수학자가 들려주는 수학 이야기〉를 읽으면서 각 수학자의 어깨 위에서 보다 수월하게 수학의 세계를 내다보는 기회를 갖기를 바랍니다.

홍익대학교 수학교육과 교수 |《수학 콘서트》저자 박경미

세상의 진리를 수학으로 꿰뚫어 보는 맛
그 맛을 경험시켜 주는 '자연수' 이야기

예전에 독일의 수학자 크로네커는 '자연수는 신이 만들었고, 나머지 수는 모두 인간이 만들었다.'라는 말을 하였습니다. 자연수는 영어로도 'Natural Number'라고 하여 우리 인류가 알고 있는 수 중에 그야말로 자연스럽게 생겨난 그래서 우리가 아주 쉽고 자연스럽게 받아들이고 또 너무나 잘 사용해 온 수가 아닐까 생각합니다. 오랜 옛날부터 우리 인간이 이 지구에서 생활해 오는 가운데 그야말로 편하고, 자연스럽고, 손쉽게 사용하고 또 소중한 것이 있다면 공기나 물 같은 것을 예로 듭니다. 저는 자연수도 그러한 예로 들을 만한 자격이 있다고 생각합니다.

어떻게 보면 우리가 너무도 잘 아는 것으로 생각해 온 이와 같은 자연수를 이 책의 주인공인 수학자 주세페 페아노는 자연수가 처음 만들어지는 원점으로 되돌아가서 다시금 순수한 수학적 방법으로 자연수를 새롭게 탄생시키고자 연구한 사람입니다. 초등학교에서부터 고등학교까지 최소한 10여 년 동안 수학을 공부해야 하는 여러분으로서는 어쩌면 페아노가 공연한 연구를 해서 공부해야 할 수학 내용을 더 늘려 놓았던 것은 아닌가 하는 불만을 가질 수도 있습니다.

페아노가 자연수에 대한 연구를 함으로써 초·중·고등학교 학생들이 더 공부하게 된 내용은 거의 없습니다. 그러나 순수 수학을 연구하는 수학자들에게는 자연수 공리계라는 아주 완벽한 공리계의 모델을 페아노로부터 선물받은 셈이 됩니다.

여러분 또한 페아노의 자연수 공리계를 공부하게 되면서 자연수에 대한 새로운 시각을 선물받을 수 있을 것으로 생각합니다. 즉, 이 책을 통해서 그동안 우리가 너무도 잘 알고 있다고 자신해 온 자연수의 새롭고 신비로운 면을 명쾌하게 알게 될 겁니다. 또한 자연수를 통하여 순수 수학의 참모습을 맛볼 수 있을 뿐만 아니라, 수학을 공부하는 올바른 태도는 어떠해야 하는가에 대해서도 답을 얻을 수 있다고 확신합니다.

자, 이제부터 페아노를 따라 여러분도 한번 근사하고 멋있는 수학자가 되어 보는 것은 어떨까요?

백석윤

차례

1 이 책은 달라요

《페아노가 들려주는 자연수 이야기》는 그동안 우리가 수학을 공부할 때나 일상생활을 할 때 아주 잘 알고 있다고 여겨 온 '자연수'를 과연 '우리가 잘 알고 있는 것일까?' 하고 반문해 보게 하는 이야기입니다.

우리는 매일 마시는 물이나 공기에 대하여 태어나면서부터 너무도 자연스럽고 편하게 사용해 왔기에 '아주 잘 안다.'라고 생각합니다. 그러나 과학적인 시각에서 보면 물이나 공기에 대하여 우리가 아는 바는 너무도 적습니다. 이는 자연수의 경우도 마찬가지입니다.

자연수는 학교에서 배우는 수 체계 중에 가장 간단하고 쉽게 여기는 수 체계입니다. 그렇다면 우리가 자연수에 대하여 아는 바는 어느 정도일까요? 사실, 우리가 자연수에 대하여 안다고 생각하는 바는 기껏해야 우리의 직관이 허락하는 범위 내의 것이 고작이라고 할 수 있습니다.

우리가 생활에서 자연수에 대하여 알아야 할 것은 우리의 직관이 허락하는 만큼 그리고 직관이 이끄는 방식이면 족합니다. 그러나 수학자가 자연수와 관련된 연구를 하는 데는 이와 같은 직관적 범위나 방식만으로는 부족하며 보다 발전적인 연구를 하기에는 턱없이 모자랍니다. 그래서 이 책은 과연 수학자들이 어떤 방식으로 수학을 연구하는지에 대하여, 자연수를 통하여 살짝 들여다볼 수 있게 해 줍니다.

여러분은 이 책을 통하여 잠시나마 수학자가 되어 보는 경험을 하게 될 것입니다. 게다가 여러분이 경험하게 되는 수학자의 수학 연구 방식은 여러분이 학교에서 수학 공부를 하는 데 필요한 효율적인 방법과 수학을 대하는 올바른 태도를 배울 수 있게 해 줄 것입니다.

2 이런 점이 좋아요

❶ 자연수에 대한 직관적인 시각 외에 수학적인 시각이 왜 필요하고, 그 시각은 어떤 것인지 쉽게 설명해 줍니다.

❷ 수학적인 시각에서 자연수를 들여다봄으로써 자연수의 새로운 측면을 알게 해 줍니다.

❸ 수학자가 수학을 연구하는 방법이 어떤 것인지를 알게 해 줍니다.

④ 우리가 사용하는 자연수의 10진 기수법 외에 고대 문명권에서 자연수를 어떻게 표기해 왔는지에 대하여 알려 줍니다.

⑤ 오랜 옛날부터 각 문화권에서 자연수의 각 수에 부여해 온 재미있고 신기한 의미에 대하여 알려 줍니다.

3 교과 연계표

학년	단원(영역)	관련된 수업 주제 (관련된 교과 내용 또는 소단원 명)
중 1	수와 연산	정수와 유리수, 방정식과 항등식
고 1	집합과 명제	집합의 뜻과 표현, 명제
	함수	함수

4 수업 소개

1교시 페아노의 자연수 공리계

페아노가 '자연수의 공리계'에 대한 연구를 하게 된 배경과 '페아노의 자연수 공리계'를 소개합니다. 그리고 '페아노의 자연수 공리계'에 대한 본격적 강의로 들어가기 전에 우리가 그동안 아무 문제 없이 사용해 온 자연수에 대한 연구의 필요성을 설명합니다.

- **선행 학습** : 자연수의 개념, 공리계의 의미
- **학습 방법** : '페아노의 자연수 공리계'는 그동안 우리가 당연시 여기

며 사용해 온 '자연수'를 수학적으로 다시금 조명하는 내용이기에 다소 이해하는 데 어려울 수 있지만, 가능한 쉽게 풀어서 설명하고 있기에 설명 과정에 개인적으로 생소한 용어나 개념이 나오는 경우 사전이나 인터넷으로 찾아 이해하면서 설명을 따라오면 좋습니다.

2교시 페아노의 자연수 공리계의 수학적 의미

'페아노의 자연수 공리계'가 지닌 수학적 의미를 각 공리별로 설명하고, 특히 [공리 5]가 '수학적 귀납법'임을 상세히 설명합니다.

- **선행 학습** : 페아노의 자연수 공리계, 수학적 귀납법
- **학습 방법** : 지금까지 해 오던 수학 공부의 일상적인 방법과 다르게 대략 또는 직관적인 이해 방법은 버리고, 사소한 것이라 하더라도 철저하게 논리적으로 따져 보는 학습 방법이나 학습 태도가 필요합니다. 이는 현재 자신의 수학 학습 방식이나 태도에도 긍정적으로 자극을 줄 수 있으며, 여러분의 철저하고 꼼꼼한 수학 학습을 유도하는 중요한 경험이 될 것입니다.

3교시 페아노의 공리의 수학적 활용

'페아노의 자연수 공리계' 안에서 그동안 직관적으로 다루어 온 자연수의 덧셈을 정의하고, 이 덧셈이 지닌 성질을 수학적 귀납법으로 증명하는 것을 다룹니다.

- 선행 학습 : 페아노의 자연수 공리계, 수학적 귀납법
- 학습 방법 : 지금까지 아무 문제 없이 해 오던 자연수의 덧셈에 대하여 페아노의 공리를 이용하여 새롭게 정의하고, 덧셈이 지닌 성질을 수학적 귀납법으로 증명하는 과정이기에 종전에 사용하던 학습 방법과 다르게 사소한 것이라 하더라도 철저하게 논리적으로 따져 보는 학습 방법이나 학습 태도가 필요합니다.

4교시 자연수 개념의 생성

자연수와 관련된 내용 중 쉽고 재미있는 내용을 수학사에 비추어 알아보는 단계로 '인류가 어떻게 자연수의 개념을 획득하게 되었는가'를 다룹니다.

- 선행 학습 : 자연수, 수 세기count
- 학습 방법 : 앞에서의 경우와 다르게 자연수 개념의 탄생에 대한 재미있는 이야기를 다루고 있기에 이야기 듣듯이 편한 마음으로 설명을 따라오면 됩니다.

5교시 일대일 대응

자연수 개념의 기초인 '일대일 대응' 개념에 대하여 재미있는 일상적 예를 사용하여 쉽게 설명합니다.

- 선행 학습 : 자연수, 함수

• 학습 방법 : 중학교 이상의 학생은 특별한 준비 없이 설명 내용을 그
대로 따라가면서 이해하면 되고, 초등학교 고학년 학생의 경우는 설
명 내용을 꼼꼼히 이해하면서 따라오면 자연수에 대한 심화 학습으
로서의 공부가 충분히 가능합니다.

6교시 숫자의 탄생

오랜 인류 문화사에서 그동안 우리 인류가 발명하여 사용해 온 '숫자 표
기법'에 대하여 그 필요성에 대한 설명과 구체적인 예를 들어 쉽고 재미
있게 소개하고 있습니다.

• 선행 학습 : 자연수 개념
• 학습 방법 : 수학사에 등장하는 자연수 표기법에 대하여 구체적이며
쉽게 설명하고 있으므로 가벼운 마음으로 설명을 잘 따라오기만 하
면 됩니다.

7교시 기수법

수학사에서 그동안 우리 인류가 발명하여 사용해 온 기수법에 대하여
그 필요성이나 구체적인 방법을 세 가지로 분류하여 쉽고, 재미있게 소
개하고 있습니다.

• 선행 학습 : 자연수 개념, 고대 문명권의 자연수 표기법
• 학습 방법 : 수학사에 등장하는 기수법에 대하여 구체적이며 쉽게 설

명하고 있으므로 별다른 준비 없이 설명을 잘 따라오기만 하면 됩니다.

[8교시] 신비로운 자연수의 비밀

인류가 자연수를 사용해 오면서 자연수에 대하여 갖고 있던 신비성을 그 시대, 문화에 따라 특정 자연수에 부여해 온 의미에 대하여 알아봅니다.

- 선행 학습 : 자연수
- 학습 방법 : 그동안 전해 오는 바 여러 자연수 각각에 나름대로 부여해 온 의미를 재미있게 소개하고 있기 때문에 재미있는 이야기를 듣는다고 생각하면 됩니다.

페아노를 소개합니다

Giuseppe Peano(1858~1932)

나는 이탈리아의 수학자이며 논리학자예요.

자연수론을 처음으로 공리론적으로 전개하였고, 페아노 곡선을 소개하였지요. '수학기초론'과 '형식논리언어'를 향상시키는 중요한 연구를 했답니다. 여러분이 현재 쓰는 논리 기호를 도입하기도 했지요.

그래서일까요? 사람들은 나를 근대 수학적 논리학의 개척자로 부르고 있어요.

기하학의 공리화를 시도하여, 정의나 공리, 무정의 용어의 사용 체계를 확립하여 '직관에 얽매이지 않고 기하학의 체계를 확립했다.'는 평가를 받고 있답니다.

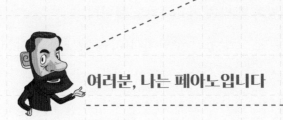

여러분, 나는 페아노입니다

나는 〈라보엠〉, 〈토스카〉, 〈나비부인〉 등으로 유명한 오페라 작곡가 푸치니와 같은 해에 태어났습니다. 내가 태어난 곳은 바다가 아름다운 사르데냐Sardegna입니다. 나에 대하여 후세 사람들은 '이탈리아의 유명한 수학자이며 철학자'라는 평가를 하고 있습니다. 내 자신이 생각하기에 나는 특별히 천재와 같은 재능이나 기이함을 갖고 있지는 않고, 단지 열심히 공부하고 연구했던 수학자라고 생각합니다. 1876년에 토리노 대학University of Turin에 들어가 4년 뒤 우등상을 받고 졸업했으며, 얼마 뒤 그 대학에서 조교수가 되어 연구와 가르치는 생활을 시작하게 됩니다. 1884년에는 처음으로 미적분학 강의 교재를

출간하였고, 그 후 3년 뒤에는 수학적 논리학을 다룬 저서를 냈습니다. 이 책이 바로 여러분이 집합에서 사용하는 합집합∪, 교집합∩을 나타내는 기호가 들어 있는 첫 번째 책으로, 후세 사람들이 내가 그러한 수학 기호들을 창안하여 최초로 사용하였다라고 말하게 되는 이유이기도 합니다.

여러분도 잘 알듯이 수학에서 어떤 개념이나 기능을 나타내기 위하여 사용하는 간단한 기호는 정말 중요한 역할을 합니다. 나보다 2세기쯤 앞서 활동했던 뉴턴은 미적분학을 최초로 연구했지만 그 당시 뉴턴이 사용했던 기호가 너무 길고 복잡했습니다. 그래서 거의 같은 시대에 보다 더 간단한 기호를 사용하여 미적분학을 연구했던 라이프니츠의 연구 성과보다 뒤처지게 되었습니다. 이러한 역사적 사실처럼 간단하면서도 함축적인 의미를 포함하는 기호는 수학에서 매우 중요한 역할을 합니다.

이후에도 나는 수학에서 필요한 여러 기호를 고안하여 그동안 이미 만들어졌던 수학책들에 들어 있는 내용을 새로운 기호를 사용하여 다시 저술하고자 하는 이른바 '수학 백과사전' 연구인 '공식안 연구Formulario Project'를 시작하여 10년간의 연구 끝에 출간한 책이《수학공식안Formulario Mathematico》입니다. 이 책을 제1차 세계 철학 대회인 ICPInternational Congress of Philosophy에서 당대 유명한 철학자인 러셀에게 증정하였습니다. 러셀은 내 혁신적인 '논리 기호'를 보고 감탄하면서, 이 책에 대하여 열심히 연구한 것으로 압니다.

이후 1903년에는 수학을 기술하는 언어를 보다 간편하게 만들고자 일종의 국제어인 '굴절 없는 라틴어Latino sine flexione'를 만들어서 이를 사용하여 수학책을 편찬하기도 했고 그 책으로 강의도 했습니다. 그리고 1908년에는 앞에서 말했던《수학공식안》의 마지막 권인 제5권을 내가 창안한 국제어로 출판을 하였습니다. 이 책에는 수학 백과사전답게 총 4,200개의 수학 공식이나 정리가 완벽하게 기술되고 대부분을 증명까지 해 놓았습니다. 특히 중요한 것은 이 책에서 내가 여러분에게 강의할 그 유명한 '페아노의 공리'가 당시 내가 고안한 '수학적 기호'들을 사용하여 아주 간결하면서도 분명하게 제시되어 있다는 것입니다. 그리고 이 책의 영향을 받은 러셀과 화이트헤드가 공동으로 저술한《수학의 원리Principia Mathematica》에서 내가 창안한 기호들을 채택하여 기술한 것을 볼 수 있습니다.

나 자신을 여러분에게 소개하긴 해야 되는데 여러분이 재미있어 할 만한 일화도 없고 해서 기껏 내가 한 수학 연구 이야기들만 늘어놓은 것 같습니다. 끝으로 이런 나에 대하여 후세 사람들이 하는 평가를 한 가지 더 이야기하고 마치고자 합니다. 후세 사람들은 나를 평가할 때 '기호논리학'의 창시자이며 주로 '수학기초론'과 '형식논리언어'를 향상시키는 중요한 연구를 했다고 합니다. 그리고 '기하학의 공리화'를 시도하여 '정의나 공리, 무정의 용어의 사용 체계를 확립하여, 직관에 얽매이지 않고 기하학의 체계를 확립했다.'는 듣기 좋은 평가를 해 주고 있습니다.

안녕하세요.
이탈리아의 수학자이자
철학자 페아노입니다.

나는 오페라 <'나비부인>
등으로 유명한 푸치니와
1858년 같은 해에 바닷가
마을에서 태어났습니다.

우리는 동갑내기
친구야.

푸치니

나는 토리노 대학에 들어가
우등상을 받고 졸업했지요.
그리고 나서 모교의
교수가 되었습니다.

기호는 수학에서
아주 중요해요.

합집합∪, 교집합∩ 등 이런
친숙한 기호들을 내가 처음으로
책에 썼답니다.

나는 미적분학을
최초로 연구했지.

기호가 너무 길고
복잡해서 뭐가 뭔지
아무리 봐도
모르겠어.

뉴턴

갸웃

간단한 기호를 사용해
미적분학을 다뤘기에
연구 성과가 뉴턴보다
앞설 수 있었지요.

라이프니츠

그러고 보니 함축적인 의미를
담은 간단한 기호는 수학에서
매우 중요한 역할을 하는구나.

복잡한 내용의 수학 책들을 누구나 알아보기 쉬운 기호들을 사용해서 다시 만들자.

10년의 노력 끝에 드디어 다섯 권의 수학공식안을 완성했다.

제1차 세계 철학 대회

내가 만든 수학책입니다.

오~ 대단한 책이군요.

여전히 수학공식안이 복잡하고 어려운 것 같아. 좋은 방법이 없을까?

사람들이 수학을 좀 더 알기 쉽게 굴절 없는 라틴어를 사용해서 수학책을 만들자!

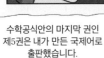

수학공식안의 마지막 권인 제5권은 내가 만든 국제어로 출판했습니다.

대단해. 페아노의 책은 수학백과사전이야.

4,200개의 수학 공식과 정리가 완벽해!

페아노는 기호 논리학의 창시자야!

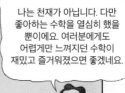

나는 천재가 아닙니다. 다만 좋아하는 수학을 열심히 했을 뿐이에요. 여러분에게도 어렵게만 느껴지던 수학이 재밌고 즐거워졌으면 좋겠네요.

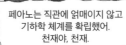

페아노는 직관에 얽매이지 않고 기하학 체계를 확립했어. 천재야, 천재.

페아노의 개념 체크 **25**

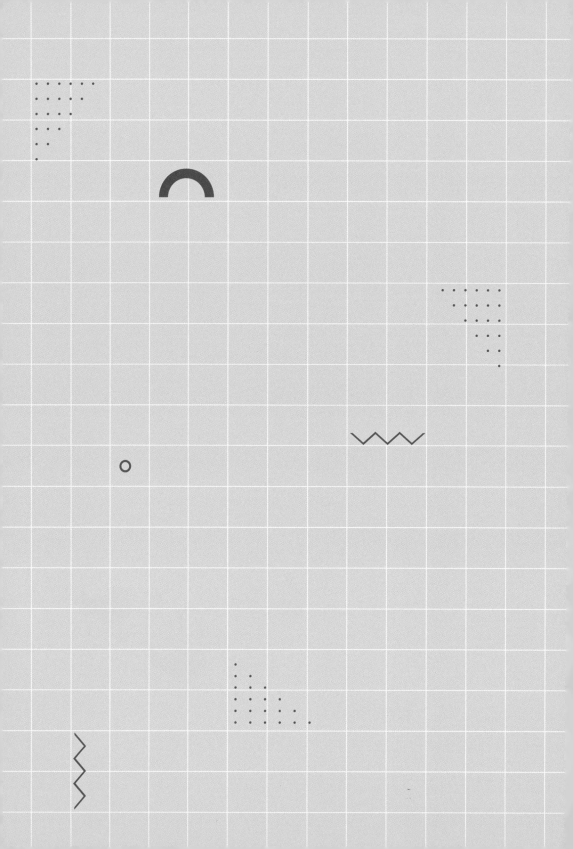

페아노의
자연수 공리계

페아노가 왜 '자연수 공리계'를 만들려고 했고,
그가 만든 자연수 공리계는 어떤 것인지 페아노가
직접 설명해 줍니다.

1. 자연수에 대하여 우리가 알고 있는 바를 반성해 봅니다.

2. 페아노가 왜 '자연수 공리계'를 만들었는지를 알아봅니다.

3. '페아노의 자연수 공리계'에 대하여 알아봅니다.

미리 알면 좋아요

1. **공리** 증명 없이도 참으로 받아들일 수 있을 정도로 자명하기 때문에 참인 것으로 가정된 명제를 말합니다. 공리는 보통 다른 명제들을 증명하기 위한 기초적 근거로 사용합니다.

2. **공리계** 특정 수학적 이론 체계의 기초로서 설정한 서로 관련된 공리들을 하나로 묶은 체계를 말합니다.

페아노의
첫 번째 수업

'페아노의 공리계'는 여러분에게 강의하는 나 페아노가 만든 것으로 내가 여러분에게 유명한 수학자로 알려지게 한 이론입니다. 그런데 이 페아노의 공리계가 도대체 뭔데 그걸로 내가 유명해졌을까요? 그게 수학에서 하는 역할이 무엇이고, 그것이 가진 의미는 무엇인지 궁금하죠?

페아노의 공리계는 수학을 공부하는 중학생이라면 너무나도 잘 아는 자연수에 대한 내용으로 '도대체 자연수란 무엇인가?'

라는 질문에 수학적인 답을 해 준다고 할 수 있습니다. 그런데 이쯤에서 여러분은 아무 어려움이나 불편 없이 잘 사용해 온 자연수라는 개념이나 용어에 '왜 의문을 가져야 하느냐.'고 의아하게 생각할 것 같습니다. 어쩌면 여러분이 공부하는 수학에서는 이러한 의문이 전혀 필요 없다고 할 수 있습니다. 그런데 말입니다. '우리가 너무나도 익숙하게 사용해 왔고 또 거기에 대해서 너무나도 잘 알고 있다.'고 생각하는 것은, 어쩌면 우리가 너무나도 잘 모르는 것일 수도 있습니다.

'물'을 예로 들어 말해 보겠습니다. 여러분이나 나나 '물이 무엇인지 너무나도 잘 알고 있다.'라고 생각합니다. 그런데 여러분이 중학교에 들어와서 과학 시간에 물에 대해서 공부했을 텐데, 여러분이 물에 대하여 전에는 전혀 몰랐던 것 중에 알게 된 것이 정말 많은 걸 알 수 있습니다. 다시 말하면 그런 공부를 하기 이전에 여러분이 물에 대해서 '너무나도 익숙하고 잘 알고 있다.'라는 것은, 바로 물에 대한 여러분의 '직관적인 생각'을 말합니다.

 지금 여러분이 자연수에 대하여 알고 있는 직관적인 생각만으로도 중고등학교 수학을 하는 데는 아무 불편 없이 충분합니다. 하지만 대학에서 수학을 전공하거나 나와 같은 수학자들은, 자연수 자체나 자연수와 관련된 수학적 성질이나 사실들에 대하여 연구하려면, 자연수에 대한 직관적인 생각만으로는 불충분하고 더 이상의 발전이 불가능합니다. 그래서 나, 페아노가 앞으로 수학자들이 자연수나 자연수와 관련된 수학적 연구를 하는 데 불편해하지 않도록 앞에서 소개한 것처럼 내가 창안한 기호를 사용해서 가능한 한 자연수를 간단명료하게 정의를 한 것이 바로 페아노의 자연수 공리계입니다. 후세 수학자들은 이 공리계를 수학 공리계의 대표격으로 이야기하고 있습니다.

그러면 이왕 말이 나왔으니 그 유명한 '페아노의 자연수 공리계'에 대하여 이 페아노가 직접 설명하겠습니다. 그래서 여러분이 자연수를 수학자가 보는 방식으로 살짝 엿볼 수 있게 해 주겠습니다. 우선, 몇 줄 안 되는 페아노의 자연수 공리계를 먼저 소개합니다. 한 번 보면 알겠지만 기껏해야 5개의 공리로 이루어져 있고, 각 공리들은 간단하면서도 '별것 아니네?'라는 느낌이 들 것입니다.

[공리 1] 1은 자연수이다.
[공리 2] 모든 자연수 n은 다음 수 n'을 갖는다.
[공리 3] 1은 어떤 자연수의 다음 수도 아니다.
[공리 4] 두 자연수의 다음 수들이 같다면, 원래의 두 수는 같다.
[공리 5] 어떤 성질을 1이 가지며, 또 그 성질을 가지는 임의의 자연수의 다음 수도 가지면, 그 성질을 모든 자연수가 갖는다.

여러분은 수학 시간에 자연수는 '1, 2, 3, 4, 5, ……와 같은 수이다.' 또는 '{1, 2, 3, 4, 5, ……}의 집합 안에 들어 있는 수가 자연수이다.'와 같은 방식으로 배웠을 것입니다. 사실 이 방법을 보면 5 다음에 오는 수가 반드시 6이라는 보장이 없습니다.

그러나 여러분은 단지 앞서 배열된 수가 모두 1씩 커지는 방식으로 등장했기 때문에 아무런 의심 없이 그다음에도 5보다 1 큰 수인 6이 나올 것이라고 생각했을 겁니다. 그리고 그 이후에도 계속해서 같은 방법으로 수가 계속 등장할 것이라고 생각할 겁니다. 이는 직관적인 생각에 의존한 자연수의 정의 방법이라고 할 수 있습니다. 즉, 이와 같은 직관적인 방법은 정교하게 수학을 하는 데 있어 충분하고도 적절한 방법이 되지 못한다 할 수 있습니다.

내가 만들어 놓은 자연수 공리계는 여러분이 학교에서 배우는 방식과 유사한 부분도 있습니다. 그러나 이 공리계는 여러분이 수학을 보다 깊고 더 정확하게 공부하는 데 도움을 줍니다. 어떤 오류의 발생도 사전에 차단할 수 있도록 철저하게 연구해서 만들어 놓았기 때문입니다. 이제, 페아노의 자연수 공리계가 자연수를 정의하는 방법에 대하여 살펴보기로 합시다.

[공리 1]1은 자연수이다은 자연수를 정의하는 데 최소의 필요 요소인 1을 자연수라고 선포하는 것입니다. 즉, 수학에서 아무리 최소한의 내용으로 간결하고 경제적인 방법으로 정의를 한다 하더라도 그 최소한의 요소는 필요한데 여기서 1이 바로 그 최소한의 요소입니다.

[공리 2]모든 자연수 n은 다음 수 n'을 갖는다로 인해서 1부터 '다음 수'라는 방법으로 마치 여러분이 학교에서 배우는 방식처럼 '2, 3, 4, 5, ……' 등의 수가 등장할 수 있게 해 주는 것입니다.

[공리 3]1은 어떤 자연수의 다음 수도 아니다은 자연수는 1부터 시작한다는 것을 알려 줍니다.

[공리 4]두 자연수의 다음 수들이 같다면, 원래의 두 수는 같다는 앞에서 사용한 '다음 수'라는 의미가 직관적인 방식으로 정해진 것이 아니라, 단 한 가지 것만을 나타내려는 것으로 의미를 분명히 하고자 한 것입니다. 예를 들어 3에 대한 '다음 수'가 4 하나로만 정해지는 것이지, 4도 되고 5도 될 수 있음을 의미하지 않는다는 것을 분명히 하기 위함입니다.

[공리 5]어떤 성질을 1이 가지며, 또 그 성질을 가지는 임의의 자연수의 다음 수도 가지면, 그 성질을 모든 자연수가 갖는다는 [공리 1]부터 [공리 4]까지를 만족하게 하는 수들이 바로, 모두 자연수임을 한정하기 위한 것입니다.

수업정리

❶ 페아노의 자연수 공리계가 만들어진 것은, 자연수나 자연수와 관련된 수학적 연구를 하는 데 불편하거나 오류가 없도록 하기 위해서 자연수를 간단명료하게 수학적으로 정의할 필요성이 있었기 때문입니다.

❷ 페아노의 자연수 공리계는 다음과 같습니다.

> [공리 1] 1은 자연수이다.
>
> [공리 2] 모든 자연수 n은 다음 수 n'을 갖는다.
>
> [공리 3] 1은 어떤 자연수의 다음 수도 아니다.
>
> [공리 4] 두 자연수의 다음 수들이 같다면, 원래의 두 수는 같다.
>
> [공리 5] 어떤 성질을 1이 가지며, 또 그 성질을 가지는 임의의 자연수의 다음 수도 가지면, 그 성질을 모든 자연수가 갖는다.

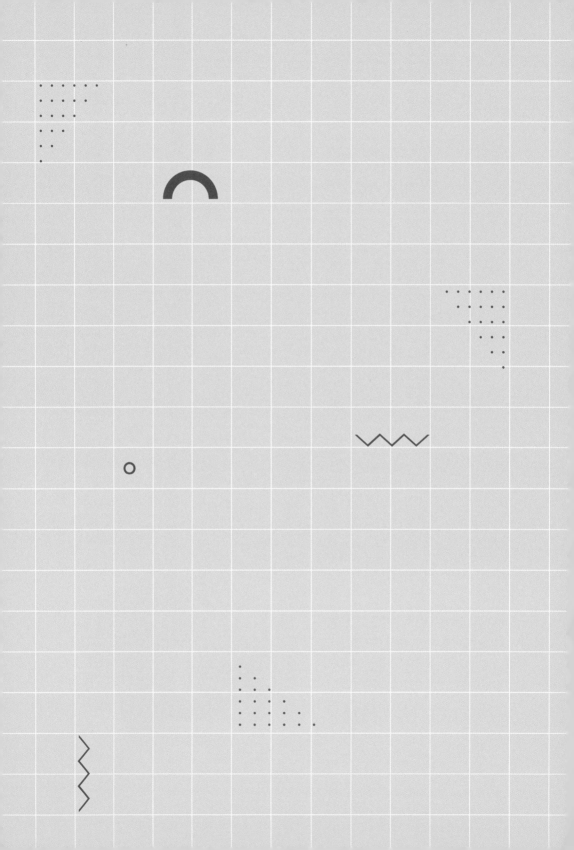

페아노의
자연수 공리계의
수학적 의미

페아노가 만든 '자연수 공리계'에 들어 있는
5개의 공리가 지닌 각각의 의미를 설명해 줍니다.

1. 수학에서 공리가 하는 역할에 대하여 알아봅니다.
2. 페아노의 자연수 공리계 안의 5개의 공리들의 의미를 알아봅니다.
3. 페아노의 자연수 공리계 안의 5번째 공리가 수학적 귀납법과 어떤 관계가 있는지 알아봅니다.

미리 알면 좋아요

1. **연역** 이미 참인 것으로 알려진 하나 또는 둘 이상의 명제를 근거로 해서 명확히 규정된 논리적 형식에 따라 새로운 명제를 결론으로 이끌어 내는 추론 방법입니다. 수학에서 '증명'하는 과정이 바로 연역의 대표적인 예라고 할 수 있습니다.

2. **무정의 용어** 수학에서 굳이 정의를 내리지 않고 사용하는 용어를 말합니다. 그 이유는 딱히 정의를 내리기도 어렵고, 정의를 하지 않아도 누구든지 그것에 대하여 같은 생각을 할 수 있는 용어이기 때문입니다.

3. **수학적 귀납법** 수학에서 주어진 명제 $P(n)$이 모든 자연수에 대하여 성립함을 보이는 증명 방법을 말합니다.
즉, (1) 명제 $P(1)$이 성립함을 직접 보인다. (2) 명제 $P(k)$가 성립한다고 가정하면, 바로 다음의 명제 $P(k+1)$도 성립함을 보인다. 이와 같이 앞의 (1), (2)의 두 단계에 의해서 주어진 명제 $P(n)$이 모든 자연수 n에 대하여 성립함을 보이는 증명법을 말합니다.

페아노의
두 번째 수업

여러분이 초등학교에서부터 중고등학교까지 수학을 공부해 나가는 방식은, 비교적 낮은 수준의 수학에서 차츰 복잡하면서 높은 수준의 수학으로 나아가는 방식입니다. 그런데 자연수의 공리체계 연구는 이런 방식과 반대 방향으로 진행됩니다. 즉, 꽤 복잡하고 높은 수준의 수학을 연구하다가 여러 가지 문제점을 발견하고는, 그 문제점을 해결하기 위하여 문제점의 근원을 찾아 계속 앞으로 거슬러 올라갑니다. 다시 말해 최초의 단계에서 잘못된 점을 알아내고 이를 개선하는 그런 방식의 연구라고 할 수 있습니다. 이를 약간 수학적인 방식으로 이야기해 보면 지금까지의 수학 연구에서 출발점으로 삼았던 것을 다시 정의하고 연역하여 더욱 일반적인 개념이나 원리가 가능하게 하는 작업입니다. 수학을 수학으로서만 연구하는 것을 넘어서 수학적 대상이나 공리, 수학을 하는 방법 등을 연구하는 것으로 수학의 기초에 대한 연구라고 할 수 있습니다.

내가 연구한 자연수의 공리체계는 수학에서 가장 쉬운 개념
이고 모두가 친숙하게 느끼는 '자연수'에 대하여 논리적으로 근
원까지 파고들어 간 연구입니다. 그런데 이러한 기초적인 연구
를 하는 데 사용할 수 있는 수학 내용은 수학적으로 따지거나 증
명해 보여야 되는 내용이 아니라 누구든지 그 내용을 보자마자
바로 받아들일 수 있는 명제이를 '공리'라고 한다이나, 군이 정의를
하지 않아도 누구든지 그것에 대하여 같은 생각을 할 수 있는 용
어이를 '무정의 용어'라고 한다들을 사용해야 합니다. 그래서 내가 자
연수의 공리체계 연구에 사용한 공리는 5개이고, 다음과 같이
이 5개의 공리는 읽어 보면 증명이나 보충 설명 없이도 즉시 그
의미를 받아들일 수 있는 분명한 사실임을 알 수 있습니다.

[공리 1] 1은 자연수이다.
[공리 2] 모든 자연수 n은 다음 수 n'을 갖는다.
[공리 3] 1은 어떤 자연수의 다음 수도 아니다.
[공리 4] 두 자연수의 다음 수들이 같다면, 원래의 두 수는 같다.
[공리 5] 어떤 성질을 1이 가지며, 또 그 성질을 가지는 임의
　　　　의 자연수의 다음 수도 가지면, 그 성질을 모든 자연
　　　　수가 갖는다.

그리고 그 공리들 안에서 사용된 정의 없이도 누구나 같은 생각을 할 수 있는 용어, 즉 무정의 용어는 다음 세 가지뿐입니다.

1, 수, 다음 수

페아노의 자연수 공리체계가 어떻게 자연수를 정의하고 설명하는지 수학적인 방법으로 살펴보겠습니다.

이제 이 3개의 용어와 5개의 공리로부터 자연수가 어떻게 유도되는지를 간단히 설명하겠습니다. 먼저 '1을 갖다 놓고, 2를 1의 다음 수로 정의하고, 3을 2의 다음 수로 정의하고, ……' 이와 같은 새로운 수에 대한 정의를 계속합니다. 이렇게 하여 정의된 수들은 모두 [공리 2]에 의해 반드시 하나의 '다음 수'를 가지게 됩니다.

$$1, 2, 3, 4, 5, 6, 7, \cdots\cdots$$

2개의 다른 수는 [공리 4]에 의해 절대로 같은 '다음 수'를 갖지 못하기 때문에 새로 얻은 수는 먼저의 수와 같을 수 없고, 또 [공리 3]에 의해 그 수들은 1이 아니므로 이와 같은 정의가 한없이 되풀이되면서 차례차례 나타나는 '다음 수'들은 모두 무한히 많은 수 계열을 이루게 됩니다. 1을 출발점으로 하여 끝없이 새로운 수가 생기는 것이지요.

$$1, 2, 3, 4, 5, \cdots\cdots n, n+1, \cdots\cdots$$

첫 출발점이 된 1은 물론 이 수 계열 속에 있으며, 만일 n이 이 수 계열에 속한다면 그것의 '다음 수'도 이 수 계열 속에 있으므로 [공리 5]에 의해 1에서 출발하여 차례로 '다음 수'에 의해 정의된 수 모두가 이 수 계열 즉, 자연수에 속한다고 말할 수 있습니다.

어때요, 생각보다 쉽죠? 당연하게만 생각하였던 '1, 2, 3, 4, 5, ……'라는 자연수를 이처럼 논리적으로 철저하게 설명할 수 있게 됨으로써 수학의 많은 부분을 이 페아노의 자연수 공리 체계를 통해 논리적으로 설명할 수 있게 된 것입니다.

그러면 이제 [공리 5]와 관련하여 보충 설명을 더 해 보겠습니다. 후세 사람들은 이 5번째의 공리를 가리켜 수학적 귀납법의 원리라고 합니다. 학교에서 수학적 귀납법을 배운 학생들은 여기서 내가 어떻게 설명하는지 들어 보고, 처음 배우는 학생들은 경청해 주기 바랍니다. 나중에 이 수학적 귀납법은 꼭 배울 것이니 미리 이 페아노의 설명을 들어 두면 나중에 이해하기가 아주 쉬울 것입니다.

수학적 귀납법은 자연수와 같이 무한히 많은 경우에 일관되게 보여 주는 수학적인 성질이나 원리가 성립함을 증명하는 방법입니다. 그런데 여러분의 직관으로 그러한 성질이나 원리가 성립한다고 생각하더라도, 그것이 무한히 많은 경우에는 일일이 모두 증명해 보일 수 없는 경우가 있습니다. 이때 수학적 귀납법을 사용하면 아주 유용하게 쓰입니다.

즉, 자연수와 관련된 어떤 수학적 성질이나 원리를 자연수 n에 관련지어 다시 표현한 명제 $P(n)$이 모든 자연수에 대하여 성립하는 것을 증명하려면, 다음 두 가지를 보이면 됩니다.

(1) $n=1$일 때, $P(1)$이 성립한다.
(2) $n=k$일 때, 명제 $P(k)$가 성립한다고 가정한다면,
    $n=k+1$일 때 $P(k+1)$도 성립한다.

예를 들어 한번 설명해 보겠습니다.

이를테면 n이 어떤 자연수가 되더라도 다음 등식이 성립함을 수학적 귀납법으로 증명하려면,

$$1+3+5+\cdots+(2n-1)=n^2 \ \cdots\cdots ①$$

첫째, $n=1$일 때, ①의 좌변은 분명히 1이며, 우변은 $1=1$입니다. 따라서 $n=1$일 때 등식 ①은 성립합니다.

둘째, $n=k$일 때 ①의 식이 성립한다고 가정하면,

$$1+3+5+\cdots\cdots+(2k-1)=k^2$$

이 식의 양변에 $2k+1$을 더하면,

$$1+3+5+\cdots\cdots+(2k-1)+(2k+1)=k^2+(2k+1)$$

이 식의 우변을 정리하면 $(k+1)^2$이 됩니다. 따라서,

$$1+3+5+\cdots\cdots+(2k-1)+(2k+1)=(k+1)^2$$

이 식은 ①의 식에 $n=k+1$을 대입한 것입니다. 이것이 $n=k$

일 때가 성립한다고 가정하면 $n=k+1$일 때도 성립한다는 것이 증명된 셈입니다. 따라서 이 문제에서 앞의 (1), (2)의 두 가지를 보였으므로 식 ①은 모든 자연수 n에 대하여 성립한다고 볼수 있게 됩니다. 이 증명 과정은 자연수 전체의 집합을 정의한 페아노의 자연수 공리계의 [공리 5]를 기초로 하여 이루어진 것입니다. 이 때문에 수학의 자연수와 관련된 성질이나 원리들이 성립함을 자연수의 무한히 많은 경우마다 일일이 보이지 않고실제로 무한히 많은 경우를 다 보인다는 것은 불가능한 일이지요 앞의 두 가지만 보여 주면 무한한 경우를 다 보여 준 셈이 됩니다.

어때요! 이만하면 수학의 대단한 파워가 느껴지지 않습니까? 유한한 노력으로 무한한 세계를 통제할 수 있다는 것은 수학만이 갖는 힘이라고 할 수 있습니다. 이것은 여러분이 수학을 열심히 공부해야 하는 이유이기도 합니다.

❶ 페아노의 자연수 공리계는 자연수에 대하여 수학적으로 그 근원까지 거슬러 올라간 연구입니다. 그런데 이러한 기초적인 연구를 하는 데 필요한 수학 내용 중에는 수학적으로 따지거나 증명을 꼭 해 보여야만 되는 내용이 아니라, 누구든지 그 내용을 읽자마자 바로 참으로 받아들일 수 있는 명제를 필요로 하는데 이런 자명한 명제를 '공리'라고 합니다.

❷ 다음의 페아노의 자연수 공리계 중 5번째 공리는 '수학적 귀납법의 원리'라고 합니다.

[공리 5] 어떤 성질을 1이 가지며 또 그 성질을 가지는 임의의 자연수의 다음 수도 가지면, 그 성질을 모든 자연수가 갖는다.

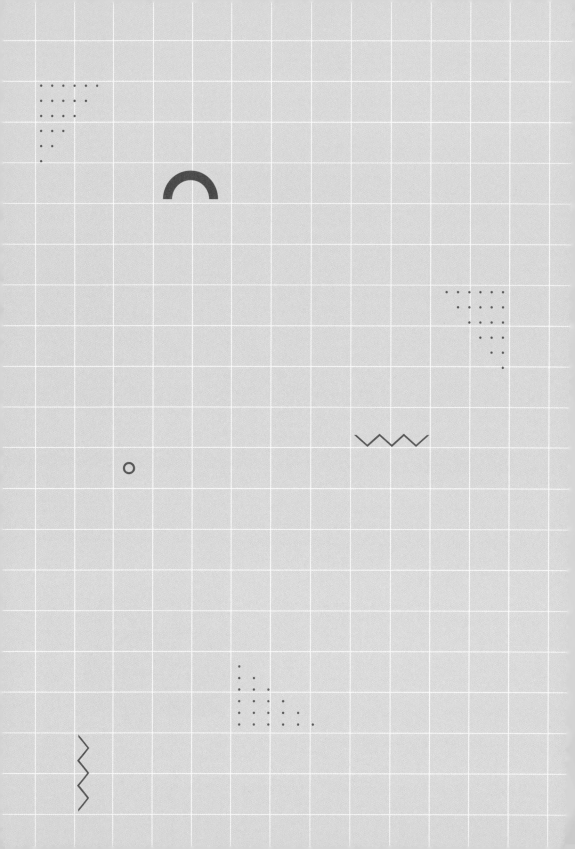

페아노의 공리의
수학적 활용

페아노가 만든 '자연수 공리계'를 사용하여
우리가 정의 없이 늘 사용해 온 '덧셈'을 정의하고,
그 덧셈이 갖는 성질들이 그대로 성립함을 보여 줍니다.

1. 페아노의 자연수 공리계를 사용하여 덧셈을 정의하는 과정을 알아봅니다.
2. 페아노의 자연수 공리계를 사용하여 덧셈이 갖는 성질을 하나씩 확인해 봅니다.
3. 수학적 귀납법으로 위의 내용들을 보이는 과정을 이해합니다.

미리 알면 좋아요

1. **덧셈의 교환법칙** 더하는 두 수의 순서를 바꾸어 더해도 그 합이 항상 같게 나오는 성질을 말합니다. 즉, 어떤 자연수 a, b에 대해서도 $a+b=b+a$가 성립함을 말합니다.

2. **덧셈의 결합법칙** 어떤 자연수 a, b, c에 대해서도 $(a+b)+c=a+(b+c)$가 항상 성립하는 성질을 말합니다.

페아노의
세 번째 수업

두 번째 수업에서는 '페아노의 자연수 공리계'를 살펴봄으로써, 그동안 너무나도 당연하고 자연스럽게 사용해 왔던 자연수가 수학적으로 어떻게 만들어지고 고유한 특성을 갖게 되는지를 알아보았습니다. 이제 여기서도 자연수 못지 않게 너무나도 당연히 그리고 자연스레 사용해 오던 '덧셈'에 대하여 '수학자가 하는 방식'으로 알아보려고 합니다. 수학자가 하는 방식이라 어렵지 않을까 하고 걱정은 하지 말기 바랍니다. 나 페아노가 인도할 테니 나만 따라와 주면 됩니다.

자, 그럼 우리가 또 그동안 당연하게 여기고 아무런 문제 없이 계산해 오던 덧셈에 대해서 파고들어 볼까요?

한마디로 말해서 내가 만든 페아노의 자연수 공리들로 두 자연수의 '합'을 수학적으로 정의해 볼 수 있답니다. 아마도 이 말을 듣고 여러분은 지금 '2+3=5'처럼 자연수끼리의 덧셈은 유치원 아이들도 아는 너무나도 당연한 덧셈 방법인데 그걸 굳이 새롭게 '수학적으로 정의할 필요가 있을까?' 하고 의아하게 생각할 겁니다.

　그런데 여기서 새로운 공리나 정의를 해서 덧셈을 다시 '정의'하려는 것이 아니라 내가 만든 '자연수 공리계'가 덧셈까지도 정의해 줄 수 있기 때문에 그걸 알아보고자 하는 것입니다. 이는 덧셈도 자연수 집합 내에서 다루어지는 연산이기 때문에 이왕에 자연수를 정의하는 공리체계가 있다면 그 공리체계에 맞추어진 덧셈으로 정의하여 사용하는 것이 올바른 수학의 방식이기 때문입니다.

　페아노의 자연수 공리계를 이용하여 자연수 집합 내에서의 덧셈은 다음과 같이 정의할 수 있습니다.

(1) 임의의 자연수 n에 대하여 $n+1=n'$이다.

(2) 두 자연수 n, m에 대하여 $m=k'$이고 $n+k$가 정의되었다면 $n+m=(n+k)'$이다. 즉, $n+k'=(n+k)'$이다.

n'과 같이 자연수 뒤의 $'$ 표시는 n의 '다음 수', 즉 '그 자연수의 바로 다음에 오는 수'라는 뜻입니다.

느닷없이 기호가 나오니 정신이 없지요? 수학을 할 때는 말이나 글로 설명해야 할 것을 기호를 사용해서 간단히 나타내는 것이 좋답니다. 처음에는 조금 어색하고 어려워 보여도 익숙해지면 훨씬 간편할 테니 하나씩 차근차근 짚어 보도록 합시다.

우선 (2)의 의미에 대하여 생각해 봅시다.

$m=k'$이라는 것은 $m=k+1$이라는 말이죠. m은 k의 '다음 수'라는 뜻입니다.

이번엔 $n+m=(n+k)'$을 살펴봅시다. 앞에서 $m=k+1$이라고 했지요?

따라서 $n+m=n+(k+1)$일 테고, $(n+k)'$에서 $'$ 표시는 '다음 수'를 뜻한다고 했으니 $(n+k)'=(n+k)+1$이 됩니다.

즉, 다음이 성립합니다.

$$n+(k+1)=(n+k)+1$$

이러한 정의에 따라 만들어진 새로운 '덧셈'은 물론 우리가 지금까지 알아 온 덧셈과 같습니다. 숫자를 직접 예로 들어 가면서 확인해 볼까요?

$1+1=1'$이므로, $1+1=2$입니다. 예를 들어 $2+3$은 위의 덧셈 정의에 따라,

$2+1=2'=3$이므로,
$2+2=2+1'=(2+1)'=3'=4$이고,
$2+3=2+2'=(2+2)'=4'=5$라는 것을 알 수 있습니다.

이처럼 덧셈이 페아노의 자연수 공리계를 사용하여 다시 정의
되었습니다. 이제부터는 이 정의에 따른 덧셈이 우리가 아는 덧
셈의 여러 가지 성질을 그대로 만족하게 하는지 알아봅시다.

앞의 덧셈 정의로 다음 5개의 성질이 성립함을 알 수 있습
니다.

(1) 임의의 자연수 n과 m에 대하여 $n+m$이 정의된다.

(2) 임의의 자연수 n에 대하여 $n+1=1+n$이다.

(3) 임의의 자연수 n과 m에 대하여 $m'+n=(m+n)'$이다.

(4) 임의의 자연수 n과 m에 대하여 $m+n=n+m$이다.

(5) 임의의 자연수 l, m, n에 대하여
$$(l+m)+n=l+(m+n)$$이다.

위 5개의 덧셈의 성질을 페아노의 자연수 공리 중 5번째 공리_{수학적 귀납법}를 이용해서 증명해 보이겠습니다. 물론, 아래 증명에 등장하는 j, k는 모두 자연수입니다.

(1) 임의의 자연수 n과 m에 대하여 $n+m$이 정의된다.

i) $m=1$인 경우 정의로부터 $n+1=n'$이 정의됩니다.

ii) $m=k$일 때 성립한다고 가정하면 $n+k=j$인 j가 존재하겠죠?

이제 $m=k+1$일 때도 성립하는지 양변에 1을 더하겠습니다.

$$n+k=j$$
$$(n+k)+1=j+1$$

이것은 다시 '덧셈' 정의에 따라 다음과 같이 다시 쓸 수 있습니다.

$$n+(k+1)=j+1=j'$$

그런데 j는 자연수이므로 j의 '다음 수'인 j'이 존재하므로, $m=k+1$일 때도 성립한다고 볼 수 있겠죠?

따라서 임의의 자연수 n, m에 대하여 $n+m$이 정의됩니다.

(2) 임의의 자연수 n에 대하여 $n+1=1+n$이다.

i) $n=1$인 경우 $1+1=1+1=1'$이므로 성립합니다.

ii) $n=k$일 때 성립한다고 가정하면 $n+1=1+n$에 n 대신 k를 대입한 식이 성립하므로,

$k+1=1+k$입니다.

이제 $n=k+1$일 때도 성립하는지를 보여야 하니 양변에 1을 더하여 봅시다.

$(k+1)+1=(1+k)+1$이 되고,
우변은 $(1+k)+1=1+(k+1)$이므로,
$(k+1)+1=1+(k+1)$과 같이 다시 쓸 수 있습니다.

이는 $n+1=1+n$에 n 대신 $k+1$을 대입한 것과 같으므로, $n=k+1$일 때도 성립한다는 것을 보인 셈이 됩니다. 따라서 임의의 자연수 n에 대하여 $n+1=1+n$이 성립합니다.

(3) 임의의 자연수 n과 m에 대하여 $m'+n=(m+n)'$이다.

i) $n=1$인 경우, $m'+1=(m+1)'$입니다.

$'$ 표시가 된 자연수는 바로 그다음에 오는 수를 뜻한다는 것

잊지 않았겠죠? 다시 잘 생각하며 위의 좌변과 우변을 각각 살펴보고 $m'+1$과 $(m+1)'$이 같은지 따져 봅시다.

좌변 : $m'+1=(m+1)+1$

우변 : $(m+1)'=(m+1)+1$이므로,

$m'+1=(m+1)'$이 성립합니다.

ii) $n=k$일 때 성립한다고 가정하면 $m'+k=(m+k)'$입니다. 이제 $n=k+1$일 때도 성립하는지 양변에 1을 더하여 봅시다.

$(m'+k)+1=(m+k)'+1$이 됩니다.

좌변과 우변이 같은지 비교해 보면,

좌변 : $(m'+k)+1=m'+(k+1)$

우변 : $(m+k)'+1=\{(m+k)+1\}+1$

$\qquad\qquad\qquad =\{m+(k+1)\}+1$

$\qquad\qquad\qquad =\{m+(k+1)\}'$이 됩니다.

이를 정리하면 $m'+(k+1)=\{m+(k+1)\}'$이 되어 (좌변)
=(우변)이 됩니다. 즉, $n=k+1$일 때도 여전히 성립하는 것
입니다. 따라서 임의의 자연수 n과 m에 대하여 $m'+n=$
$(m+n)'$이 성립합니다.

(4) 임의의 자연수 n과 m에 대하여 $m+n=n+m$이다.

i) $n=1$인 경우 $m+1=1+m=m'$이므로 성립합니다.
ii) $n=k$일 때 성립한다고 가정하면 $m+k=k+m$이 되죠?

이제 무엇을 해야 하는지 알겠지요?
그렇습니다.
$n=k+1$일 때도 성립하는지를 보여야 하니 양변에 1을 더
하여 봅시다.

$(m+k)+1=(k+m)+1$이 됩니다.

좌변과 우변이 같은지 비교해 보면,

$$좌변 : (m+k)+1=m+(k+1)$$

$$우변 : (k+m)+1=k+(m+1)$$

$$=k+(1+m)$$

$$=(k+1)+m이 됩니다.$$

다시 말해서 $m+(k+1)=(k+1)+m$이 되어 $n=k+1$일 때도 여전히 성립합니다. 즉, $n=k+1$일 때도 여전히 성립합니다.

따라서 임의의 자연수 n과 m에 대하여 $m+n=n+m$입니

다. 이로써 우리는 자연수의 덧셈에서 '교환법칙'이 성립한다는 것을 증명한 셈이 됩니다.

> (5) 임의의 자연수 l, m, n에 대하여 $(l+m)+n=l+(m+n)$ 이다.

i) $n=1$인 경우,

$(l+m)+1=l+(m+1)$로 쓸 수 있습니다.

좌변이 $(l+m)+1=l+(m+1)$이므로 $(l+m)'=l+m'$ 가 됩니다. 다시 말해 (좌변)=(우변)이 되어 $(l+m)+1 =l+(m+1)$은 성립합니다.

ii) $n=k$인 경우,

$(l+m)+k=l+(m+k)$ 입니다.

$n=k+1$일 때도 성립하는지 양변에 1을 더하여 봅시다.

$\{(l+m)+k\}+1=\{l+(m+k)\}+1$이 됩니다.

이제 좌변과 우변이 같은지 비교해 보세요.

좌변 : $\{(l+m)+k\}+1=(l+m)+(k+1)$

우변 : $\{l+(m+k)\}+1=l+\{(m+k)+1\}$
$$=l+\{m+(k+1)\}$$이 됩니다.

그러므로 $(l+m)+(k+1)=l+\{m+(k+1)\}$이 되어 (좌변)=(우변)이 됩니다. 즉, $(l+m)+n=l+(m+n)$은 $n=k+1$일 때도 성립합니다.

따라서 임의의 자연수 l, m, n에 대하여 $(l+m)+n=l+(m+n)$입니다. 이로써 우리는 자연수의 덧셈에서 '결합법칙'이 성립한다는 것까지 설명하게 되었습니다.

어렵게만 느껴졌던 내가 만든 자연수 공리계와 이제 어느 정도 친해졌나요? 앞으로 수학 공부를 하다 보면 이와 같은 수학적 귀납법을 이용한 증명을 많이 만나 보게 됩니다. 이번 수업이 여러분에게 도움이 되기를 바랍니다.

❶ 페아노의 자연수 공리계를 이용하여 그동안 우리가 정의 없이 직관적으로 사용해 온 '덧셈'이라는 연산을 자연수 집합 내에서 정의할 수 있습니다.

❷ 페아노의 자연수 공리계를 이용하여 정의한 덧셈의 경우도 '교환법칙'과 '결합법칙'이 성립함을 증명해 보일 수 있습니다.

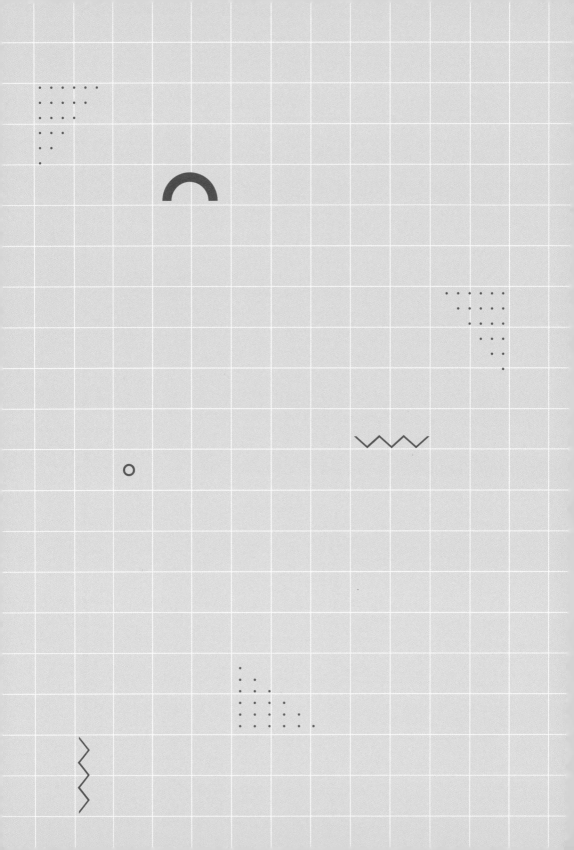

자연수 개념의
생성

인류가 어떤 과정을 거쳐 '자연수의 개념'을 갖게 된
것인지, 그 자연수의 개념을 수학적으로 설명해 줍니다.

1. 인류 문화에서 자연수의 개념이 생성되는 과정을 알아봅니다.
2. 자연수 개념을 일대일 대응의 개념으로 알아봅니다.
3. 자연수가 인류 문화 발전에 기여한 바를 알아봅니다.

미리 알면 좋아요

1. **일대일 대응** 두 집합 X, Y 중 한 집합 X에서 다른 집합 Y로의 사상 f에서 집합 Y의 각 원소 y가 집합 X의 오직 하나인 원소로부터 대응될 때 이 사상 f를 말합니다.

2. **러셀** Bertrand Arthur William Russell, 1872~1970 영국의 논리학자이며 철학자 그리고 수학자이기도 합니다.

페아노의
네 번째 수업

지금까지 앞에서 수업한 내용은 내가 고안한 페아노의 자연수 공리계를 이용하여 자연수 체계를 정립하고 그로부터 유도할 수 있는 사칙연산의 기본이 되는 덧셈에 대한 정의도 알아보는 내용입니다. 그런데 그러한 자연수가 인류의 역사 속에서는 위와 같은 수학적인 연구를 통해서 만들어지거나 인류의 머릿속에 생겨나게 된 것은 물론 아닙니다. 그야말로 자연스럽게 우리의 생활이나 생각 속에서 자연발생적으로 등장하게 되고, 우리가 물을 마시고 공기를 호흡하는 것처럼 사용해 왔던 것이지요.

그래서 이제는 그런 '자연수' 또는 '자연수의 개념'이 어떻게 우리 인류의 문화 속에 나타나게 되었는지를 알아보려고 합니다. 여기서부터 하는 이야기는 앞에서 강의했던 내용보다 훨씬 쉽고 더 재미있을 것입니다. 그리고 이야기하는 방식도 앞에서 강의하던 것과 다르게 할 것입니다.

자, 그러면 재미있는 자연수 이야기로 들어가 볼까요?

"저는 인류가 수를 모르던 아주 옛날에 사는 양치기 소년입니다. 저는 글도, 숫자도 물론 배우지 못했습니다. 우리 가족은 양을 키워 먹고사는데, 아버지께서 오늘은 저보고 양들을 돌봐 달라고 그러시네요. 그래서 풀을 먹이러 들판에 데리고 나가야 하는데, 한 마리라도 잃어버리면 정말 큰일 납니다. 저는 어떻게 해야 할까요?"

여러분이 이 양치기 소년이라면 어떻게 했을까요? 한번 생각해 보기 바랍니다.

들판에 풀어놓은 양의 수와 다시 집으로 데리고 돌아온 양의 수가 같아야 할 텐데 앞에서 이야기한 대로 안타깝게도 이 소년은 원래 수를 모르고 있습니다. 여러분처럼 수를 사용해서 양이 몇 마리인지를 셀 수만 있다면 아무것도 아닌 일인데 말이지요.

하지만 신기하게도 양치기 소년은 양을 한 마리도 잃어버리지 않고, 무사히 집으로 데리고 돌아왔답니다. 수를 전혀 모르는 양치기 소년이 양 떼를 모두 다시 데리고 돌아왔는지 확인한 방법은 무엇이었을까요?

양치기 소년은 예전에 아버지를 따라 양을 몰러 나왔을 때를 생각하며, 작은 돌멩이를 모았습니다. 그리고는 집에서 양 떼를 데리고 나갈 때 양이 우리에서 한 마리씩 나올 때마다 돌멩이를 하나씩 주머니에 넣었습니다. 그리고 다시 들판에서 집으로 돌아올 때, 우리에 양이 한 마리씩 들어갈 때마다 주머니에서 돌멩이를 하나씩 꺼내면서 모든 양 떼를 데리고 돌아왔음을 확인한 것입니다. 참 영리한 소년이지요?

이날만큼은 양치기 소년에게 돌멩이가 사냥 도구나 장난감이 아니었습니다. 돌멩이 하나가 양 한 마리와 같은 뜻이었으니 함부로 던지지도 못했을 겁니다.

돌멩이 하나는 양 한 마리, 돌멩이 두 개는 양 두 마리, 돌멩이
세 개는…….

여러분은 어떤 방법을 생각해 보았습니까? 양치기 소년과 같은 생각을 하였나요?

자, 그렇다면 돌멩이가 없을 때는 어떻게 해야 할까요? 맞아요, 표식 그리기!

양이 우리에서 나올 때마다 간단한 표식을 하나씩 그리는 겁니다. 양 한 마리에 표식 하나, 양 두 마리에 표식 두 개, ……. 그렇게 그려서 양의 마릿수만큼 같은 표식을 그리는 방법이지요.

실제로 수천 년 전 원시 인류는 표식을 그려 수를 기록하고 셈을 하였다고 합니다. 그래서 요즘의 '탤리tally'라는 단어는 고대에서 유래한 단어인데 '셈'이라는 뜻과 동시에 '표식' 또는 '막대'

라는 뜻도 가지고 있습니다. 다시 말해 나무토막에 표식을 새겨 셈을 하였음을 알 수 있습니다. 원시인들이 이렇게 표식으로 새겨 놓은 막대들은 아마도 자신들의 가정 재산이 얼마나 되는지를 알려 주는 중요한 기록이나 계산 방법이 되었을 것입니다.

/ || ||| ||||
1   2   3   4

5   6   7

8   9

10

원시 사회에서는 표식이나 돌멩이 하나를 가축 한 마리에 일대일로 대응시켜 셈을 하였습니다. 글도 숫자도 없었던 그들에게는 가장 간단하고 정확한 셈 방법이었지요.

신기하지 않나요? 사실 양과 돌멩이, 양과 표식은 아무 상관도 없는데 돌멩이와 표식으로 양의 수를 나타내려고 생각했으니 말입니다.

하지만 이러한 모습은 아직도 우리 주변에서 많이 볼 수 있습니다. 즉, 셈이 서툰 아기들이 손가락을 하나하나 꼽으며 사탕이 몇 개인지 알아보는 모습, 학급 임원 선거할 때 투표용지 한 장, 한 장 꺼내 펼치면서 칠판에 '바를 정正'의 한 획씩 그어 나가는 모습이 바로 그것과 다를 게 없습니다.

이처럼 우리는 서로 관계가 없어 보이는 물건 사이에서도 공통적인 특성을 찾아낼 수 있는데 그게 바로 각 물건의 개수로 바로 '수 개념'입니다. 아래 그림처럼 양, 선물, 연필은 서로 관련된 특성이 별로 없지만 양 두 마리도 2, 선물 두 개도 2, 연필 두 자루도 2로 각각 모두 두 개씩 있다는 수 개념 2가 공통적인 특성이 되는 셈입니다.

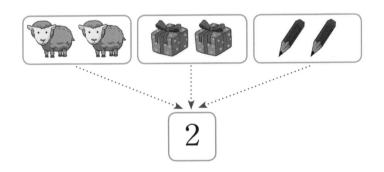

사람은 다른 대상이 갖는 불필요한 특성양은 털이 많다, 연필은 뾰족하다 등을 제외하고 셈하는 것과 관련하여 필요한 특성만을 추

출해 낼 수 있는 능력을 가지고 있습니다. 이러한 방식으로 생각하는 것을 추상화라고 합니다. 어떻게 보면 추상화 사고는 사람만이 해낼 수 있는 위대한 능력인 셈이죠. 물론 최초의 인류부터 추상화 사고를 할 수 있었던 것은 아닐 것입니다. 하지만 그것은 오랜 역사 속에서 인류가 갈고 닦아 온 소중한 능력이라고 할 수 있을 것입니다.

이 경우도 아마 여러분이나 나 페아노나 우리 인류가 가진 수 개념, 즉 자연수 개념이 별것 아닌 아주 쉬운 개념인 듯 생각할 수 있습니다. 그러나 이 자연수 개념을 기초로 수학은 발달하였고 그로 인해 과학 문명의 발달이 가능했습니다. 또한 우리의 생활이 이만큼 편리해진 것을 볼 때 자연수 개념의 확보는 정말 대단한 것이라고 할 수 있습니다.

"인류가 닭 두 마리의 '2'와 이틀의 '2'를 같은 것으로 인식하는 데는 수천 년이라는 시간이 걸렸다."

유명한 철학자이자 수학자인 러셀이 한 말입니다. 이 말은 우리가 생활에서 자연스럽게 사용하는 '수'라는 개념을 이끌어 내는 것이 사실은, 인류 문화사에서 볼 때 쉽지 않았음을 보여 주는 이야기입니다.

우리는 수 개념을 통하여 눈에 보이지도 만져지지도 않지만, 마치 직접 손으로 물건을 세고 계산기를 사용하여 계산하는 것처럼 그 개수나 크기를 정확하게 느끼게 하고 머릿속으로 계산할 수 있게 해 주는 것입니다. 그야말로 우리 인류가 창조해 놓은 정말 위대한 정신적 유산물이라고 할 수 있습니다.

❶ 수학의 기초가 되는 '자연수' 개념도 처음부터 정해진 것이 아니라 우리 인류가 생활하면서 형성해 온 수 개념 중 가장 기본이 되는 개념입니다.

❷ 쉽고 별것 아닌 듯이 보이는 자연수 개념이 현재의 복잡하고 어려운 수학의 기초 내용이 되어 왔으며, 우리 인류가 이루어 놓은 문화의 기초적 역할을 해 왔다고 할 수 있습니다.

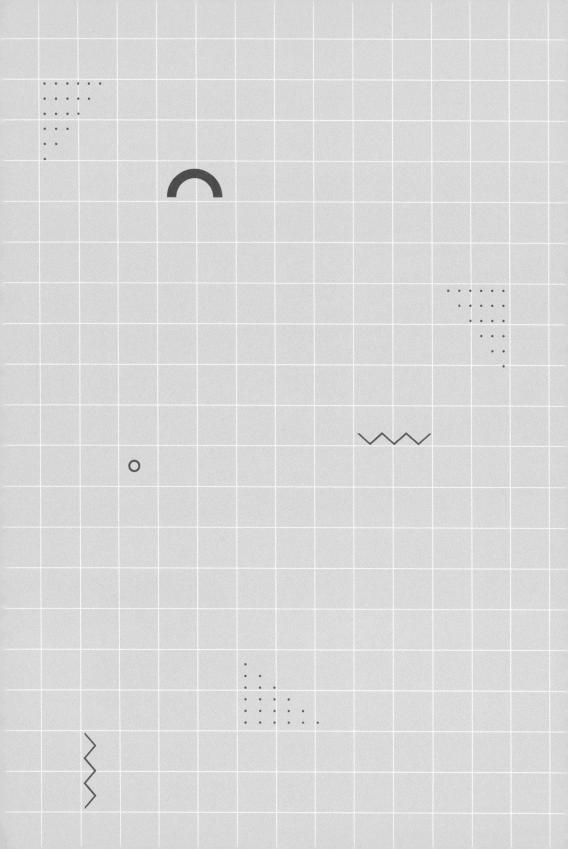

일대일 대응

자연수 개념의 수학적 기초인 '일대일 대응'에 대하여
재미있는 예를 가지고 설명해 줍니다.

1. 일대일 대응의 개념을 이해합니다.
2 실생활에서 일대일 대응의 개념과 연관된 예를 찾아봅니다.

미리 알면 좋아요

1. **일대일 대응** 두 집합 X, Y 중 한 집합 X에서 다른 집합 Y로의 사상 f에서 집합 Y의 각 원소 y가 집합 X의 오직 하나인 원소로부터 대응될 때 이 사상 f를 말합니다.

2. **집합** 다음 두 조건을 만족시키는 모임을 말합니다.
⑴ 어떤 원소가 그 집합에 들어가는지 들어가지 않는지가 분명하게 결정되어야 합니다.
⑵ 그 집합에서 두 원소를 취했을 때, 그 두 원소가 서로 같은지 같지 않은지를 분명히 구별할 수 있어야 합니다. 예를 들어 '미녀들의 모임'은 집합이 될 수 없지만 '3보다 큰 자연수의 모임'은 집합이 될 수 있습니다.

페아노의
다섯 번째 수업

이번 수업 시간에는 수 개념이 만들어질 때 바탕이 된 생각에 대해 알아보겠습니다. 즉, 일대일 대응에 대하여 알아보도록 하겠습니다.

네 번째 수업에서 수 개념이 생겨나는 과정을 설명하면서 잠깐 일대일 대응을 이야기했는데, 정확하게 일대일 대응이라는 수학적 개념이 무엇인지 살펴보고, 우리 생활 속에도 바로 이 일대일 대응의 상황이 있음을 찾아볼 것입니다.

일대일 대응이란, 두 집합 A, B의 원소를 서로 대응시킬 때 A의 한 원소에 B의 단 하나의 원소가 대응하고, B의 임의의 한 원소에 A의 원소가 단 하나 대응하도록 대응시킴을 의미합니다.

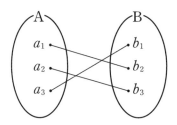

위 그림을 잘 살펴보세요.

집합 A의 원소들이 각각 집합 B의 원소들과 하나씩 대응하고 있지요? 집합 A의 어느 원소도 집합 B의 원소 두 개와 대응하지 않습니다. 또 집합 B의 원소와 대응하지 않는 집합 A의 원소도 없습니다. 다시 말해, 일대일 대응이란 빠지거나 겹치지 않고 두 집합 사이에 대응 관계를 갖는 것을 말합니다.

우리가 하나씩 구별하여 따로 떨어져 흩어진 수를 세는 방법은 이와 같은 일대일 대응 개념을 바탕으로 하고 있습니다. 즉, 수 세기count의 기초가 되는 개념이지요. 이렇게 말로만 설명하면 어렵게 느껴질 수 있으니 일상생활 속에서 일대일 대응의 예를 찾아볼까요. 의외로 여러 곳에서 일대일 대응의 상황을 찾아볼 수 있답니다.

교실에서 결석 체크하기

교실에서 여러분의 담임선생님은 출석을 부르시지 않아도 몇 명이 결석했는지를 알 수 있습니다. 어떻게 그럴 수 있을까요? 바로 빈 책상의 개수를 확인하면 되기 때문입니다. 책상과 학생이 일대일 대응이 되는 상태, 즉 책상의 개수와 학생의 수가 같아서 가능한 일이지요.

내 짝만 없어요

어느 날 한 남자아이가 울면서 집으로 돌아왔습니다. 반에서 남자, 여자가 짝이 되도록 자리를 바꾸었는데, 자기만 짝이 없었다고 합니다. 아마 그 반에는 여자아이보다 남자아이가 더 많았나 봅니다. 남자아이와 여자아이가 일대일 대응이 되었다면 이 남자아이도 여자 짝이 있었을 테니까요.

나만 여자 짝꿍이 없어~ 학교 가기 싫어. 잉잉~

우리 반 사물함

여러분의 교실에 있는 사물함을 생각해 봅시다. 만일 어느 날 새로운 학생이 전학을 와서 학급의 학생 수가 한 명이 더 늘어나게 되면 여러분의 반에 사물함도 한 개를 더 만들어야 할 것입니다. 즉, 학급의 학생 수와 사물함의 개수는 일대일 대응이 되어야 새로 온 학생이 불편하지 않을 것입니다.

은행 대기 번호표

요즘은 은행에 가면 자기 순서를 알려 주는 대기 번호표를 한 장씩 뽑아서 자기 순서를 기다려야 합니다. 창구 앞에 줄을 서

서 기다리지 않아도 되는 참 편한 방법인데 이것도 바로 일대
일 대응의 원리를 활용한 경우라고 할 수 있습니다. 한 사람이
대기 번호표를 한 장씩만 뽑는다면 현재 은행에서 기다리는 손
님이 몇 명인지를 쉽게 알 수 있게 해 줍니다. 기다리는 손님과
대기 번호표 사이의 일대일 대응을 생각해서 알게 됩니다.

우리가 바라는 세상

주차장의 주차 공간과 자동차의 수, 일자리와 취업생의 수가
일대일 대응을 이룬다면 얼마나 좋을까요? 그렇게 된다면 우리

는 주차할 자리가 없어 헤매거나 취직을 못 해 슬퍼하는 일이 더 이상 없을 테니까요. 그런 날이 빨리 왔으면 좋겠습니다.

일대일 대응이 수 개념의 기본이 됩니다. 수 개념의 탄생과 일대일 대응을 살펴보겠습니다.

여러 가지 물건이나 사실 사이에서 불필요한 정보를 버리고 '수'라는 개념만 뽑아내는 추상적 사고를 할 수 있었던 것에는 일대일 대응도 한몫하였습니다. 양과 선물, 연필의 수를 표식과 일대일 대응해 볼까요?

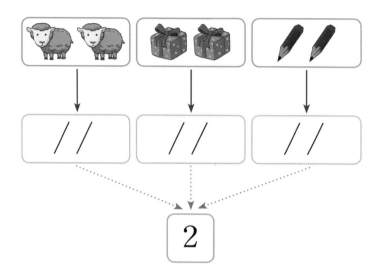

　세 물건을 표식과 일대일 대응을 했더니 각기 다른 세 물건의 모임에서 우리에게 필요한 정보가 한눈에 들어옴을 알 수 있습니다. 훗날 문명이 더욱 발전하여 인류가 기호를 사용하게 되면서 이 공통된 수 개념인 '2'가 아라비아 숫자로 쓰이게 된 것입니다.

　자, 이번에는 일대일 대응을 수를 세는 것과 관련하여 생각하여 봅시다. 수를 세는 것은 '어떤 집합을 구성하는 각각의 원소'와 '자연수 집합을 구성하는 각각의 원소'를 일대일로 짝을 짓는 과정으로 설명할 수 있습니다. 앞의 수업에서 양치기 소년이 돌멩이를 가지고 양의 마릿수를 센 것 역시 일대일 대응을 잘 이용한 예입니다.

예를 들어 딸기를 세어 보면서 수를 세는 것과 일대일 대응이 어떤 관계를 갖는지 알아봅시다.

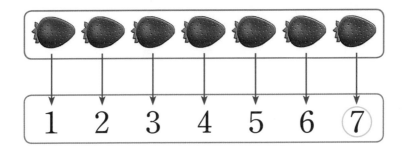

딸기 하나에 자연수 하나씩, 1부터 차례대로 대응합니다. 이것이 바로 우리가 물건을 셀 때 물건 하나하나를 가리키며 '하나, 둘, 셋, ……' 하면서 세는 것과 같은 이치입니다. 이렇게 물건 하나에 자연수를 하나씩 대응시키면서 세면 맨 마지막 물건과 대응하는 자연수가 바로 물건 전체의 개수가 됩니다. 위와 같이 딸기를 센다면 딸기의 개수는 '7', 즉 일곱 개가 되지요.

수업 정리

우리가 흩어진 물건을 하나씩 구별하면서 세는 방법은 일대일 대응의 개념을 바탕으로 하고 있으며, 이 일대일 대응의 개념이 바로 자연수 개념이라고 할 수 있습니다.

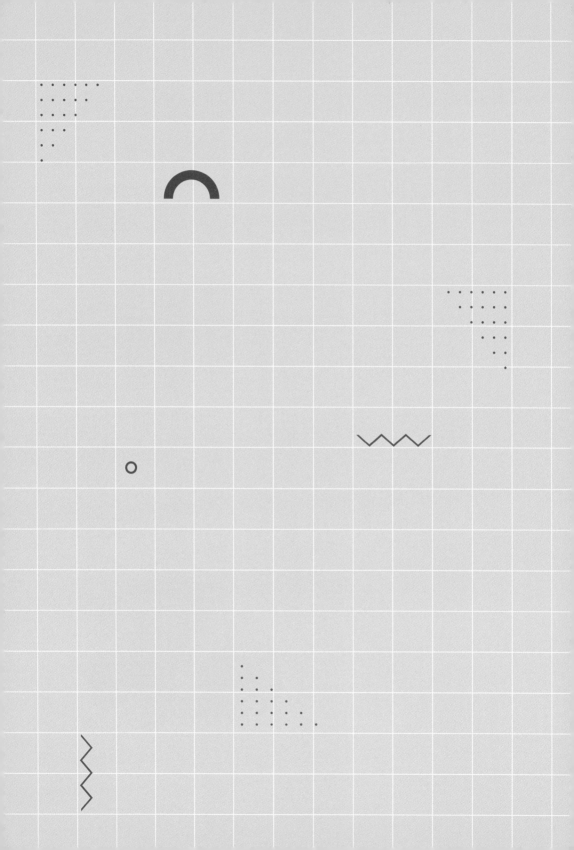

숫자의 탄생

인류는 오래전에 자연수 개념을 어떤 형태의 숫자로써
나타냈을까요? 고대 문명권에 따라 색다른 자연수 표기법을
설명해 줍니다.

수업 목표

1. 고대 바빌로니아의 숫자에 대하여 알아봅니다.
2. 고대 이집트의 숫자에 대하여 알아봅니다.
3. 고대 그리스의 숫자에 대하여 알아봅니다.
4. 로마 숫자에 대하여 알아봅니다.

미리 알면 좋아요

고대 문명 일반적으로 기원전 4000년대 동양으로부터 시작된 것으로 보고 있습니다. 각 고대 문명의 기원을 보면 이집트 문명은 기원전 2800년대, 미노스 문명은 기원전 2600년대, 하라파 문명은 기원전 3000년대, 중국 문명은 기원전 2000년대, 신대륙의 문명은 기원전 1000년대로 보고 있습니다.

페아노의
여섯 번째 수업

바로 앞의 두 강의를 통해서 우리는 '수'라는 것이 어떻게 생겨났는지 알아보았고, 양 두 마리, 선물 두 개, 연필 두 자루에서 '2'라는 개념을 찾아보았습니다. 이번에는 '2'와 같이 수를 눈에 보일 수 있게 표현하는 숫자에 대해서 공부해 보도록 하겠습니다.

0 1 2 3 4 5 6 7 8 9

이 숫자들은 여러분이 내 강의를 듣는 이 순간에도, 전 세계의 수많은 사람이 공통으로 사용하는 '기호'입니다. 미국, 프랑스, 오스트레일리아, 일본 등 많은 나라가 모두 같은 숫자를 사용하고 있다니 대단히 국제화된 숫자라고 할 수 있겠지요?

사람들은 위의 열 개의 숫자들을 아라비아 숫자라고 부릅니다. 우리가 태어날 때부터 사용하던 숫자라 당연히 오랜 역사를 가지고 있을 것으로 생각하지만, 사실 아라비아 숫자가 사용된 지는 얼마 되지 않았습니다. 불과 1400~1500년 전부터 쓰기 시작했으니까요.

그렇다면 아라비아 숫자가 생기기 전에는 어떻게 수를 표현하였을까요? 숫자의 첫 조상, 처음 만들어진 숫자들은 어떤 모습을 하고 있었을지 숫자의 역사 속으로 Go, Go~!

수천 년 동안 사람들은 손을 이용해서 수를 세는 일에 불편함을 느끼지 않았습니다. 아주 옛날에는 아주 간단한 수만 셀 수 있으면 됐습니다. 한 번에 먹을 것만큼 과일을 따고, 사냥을 하면 되니까 많은 양의 물건을 셀 일이 별로 없었기 때문입니다.

실제로 지금도 아마존의 열대 우림 지역에 사는 원주민들은 수를 '하나, 둘'까지만 세고 그 이후는 어떤 수이든 '많다'라고 합니다. 또 탄자니아의 핫자족은 '하나, 둘, 셋'까지만 세고 그 이후는 '많다'라고만 표현한답니다. 여러분은 이런 곳에서 살면 복잡한 산수나 수학을 할 필요가 없으니 좋겠다고 생각하나요?

이 원주민들의 수 세기가 이렇게 발달하지 않은 것은 계산 능력이 낮아서가 아니라 그들의 생활 속에서 그 이상의 수 세기가 필요하지 않기 때문입니다. 그야말로 수는 '하나, 둘, 셋'까지면 충분히 표현할 수 있는 생활을 하는 것입니다.

그리고 비슷한 상황이긴 하지만 보다 재치 있는 수 체계를 사용하는 원주민이 있습니다. 파푸아 원주민들의 수를 나타내는 말은, 아마존의 원주민이나 핫자족과 비슷하지만 나름의 체계가 있어 셋 이상의 수도 표현합니다. 이들은 남태평양의 섬나라에 사는데 '1'은 '우라펀'이라고 하고 '2'는 '오코사'라고 합니다. 수를 나타내는 말은 이 둘뿐이지만 그보다 더 큰 수를 표현할 수 있습니다.

3＝오코사, 우라펀

4＝오코사, 오코사

5＝오코사, 오코사, 우라펀

그렇다면, 이 원주민들은 7을 어떻게 표현할까요? 여러분도 같이 생각해 보기 바랍니다.

바빌로니아 숫자

지금부터 약 6000년 전 바빌로니아인들은 농사짓는 법과 가축을 기르는 방법을 알아냅니다. 그래서 소비하는 양보다 훨씬 많은 양이 점점 생산되기 시작합니다. 그들은 이렇게 생산되고 남는 것을 저장하게 됩니다. 바빌로니아인들은 계속된 영농 기술과 목축 기술의 발달로 서로 필요한 곡식과 가축을 사고팔게 됩니다. 그러면서 정확한 셈을 하는 방법이 필요하게 된 것입니다. 결국 간단한 작은 수로는 복잡하고 큰 수의 계산이 더 이상 불가능해집니다. 그래서 바빌로니아인은 정확하게 양을 기록하고 셈할 수 있는 '숫자'를 발명하게 된 것이지요.

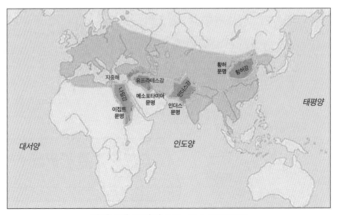

세계 4대 문명지 출처 : 국사편찬위원회

세계 최초로 농업을 시작한 곳이 바로 메소포타미아 문명권이라고 하는데, 바빌로니아가 바로 고대 메소포타미아의 남부 지방에 있었습니다. 앞에서 설명한 이유와 더불어 이 바빌로니아에서는 농사를 처음으로 시작한 덕분에 수학도 일찌감치 발달합니다. 바빌로니아인은 그 지방에 진흙이 풍부해서 다음 사진처럼 진흙으로 빚은 물렁물렁한 판에 막대기 끝으로 문자를 새겨서 표시하였는데, 글자들이 마치 쐐기를 닮아 '쐐기 문자' 또는 '설형 문자'라고 이름 붙여졌습니다. 무려 기원전 4000년경 이야기입니다.

아래 그림은 쐐기 문자로 쓰인 숫자들입니다. 우리가 현재 사용하는 아라비아 숫자와는 전혀 다른 모습이지요? 그렇지만 수천 년 전에 이미 그런 숫자를 발명하여 사용할 수 있었다니 대단하다는 생각이 듭니다.

1	11	21	31	41	51
2	12	22	32	42	52
3	13	23	33	43	53
4	14	24	34	44	54
5	15	25	35	45	55
6	16	26	36	46	56
7	17	27	37	47	57
8	18	28	38	48	58
9	19	29	39	49	59
10	20	30	40	50	

이집트의 숫자

이제 세계 문명의 4대 발생지 중 하나인 고대 이집트의 숫자
도 살펴봅시다. 기원전 3000에서 기원전 1000년경, 이집트에
서도 메소포타미아의 문명과 별개로 독립적인 숫자 체계를 만
들어 나가고 있었습니다. 이집트의 숫자는 마치 단순화시킨 그
림과 비슷했는데 1, 10, 100 등 각 단위의 숫자에는 그 모양에
걸맞은 의미가 담겨 있습니다. 예를 들어 천1000을 나타내는 숫

자는 연꽃을 닮았는데, 이는 나일강 주변에 연꽃이 많이 피어 있었기 때문에 그만한 수를 나타내기에 적절한 모양이라고 생각했던 것이지요. 또 백만을 나타내는 숫자는 깜짝 놀란 사람 형태를 띠고 있습니다. 그 당시에는 사람이 놀라 손을 번쩍 들 만큼 백만이라는 수는 너무나 큰 수였을 겁니다.

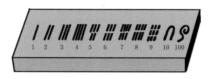

1	⎮	수직 막대기
10	∩	말굽형 멍에
$10^2 = 100$	?	나선
$10^3 = 1,000$	?	연꽃
$10^4 = 10,000$	?	손가락
$10^5 = 100,000$	?	올챙이
$10^6 = 1,000,000$	?	놀란 사람

$$1436 = 1(10^3) + 4(10^2) + 3(10) + 6$$

⎮⎮⎮
⎮⎮⎮⎮∩∩∩?????
  6   3   4   1

문명이 발달하기 이전의 원시 시대의 수 표현에 비해 바빌로니아나 이집트의 숫자들은 굉장히 발전한 형태였습니다. 그럼에도 지금까지 사용되고 있지 않은 것을 보면 사용하기에 불편한 점이 있었겠죠?

그러면 어떤 불편한 점이 있었는지 여러분이 직접 바빌로니아와 고대 이집트의 숫자를 이용해서 다음 수를 표시하여 보세요.

아라비아 숫자	바빌로니아	이집트
23		
175		
13,018		

고대 그리스의 숫자

고대 그리스 시대 초기에는 '아티카 숫자'라 해서 각 수를 나타내는 글자의 첫 문자를 이용해서 숫자를 나타냈습니다. *Π*는 펜타5, *Δ*는 데카10의 머리글자이죠. 바로 로마 숫자가 여기서 비롯된 것입니다.

문자	I	Π	Δ	$\Pi\Delta$	H	ΠH	X	ΠX	M	ΠM
값	1	5	10	50	100	500	1000	5,000	10,000	50,000

기원전 450년 이후, '아티카 숫자' 체계는 십진법과 비슷한 체계를 사용하는 '이오니아 숫자'로 바뀌게 됩니다. 최초로 '알파벳 숫자'를 도입한 것이지요.

그리스인은 알파벳을 사용했는데, 수의 크기도 알파벳으로 나타낼 수 있지 않을까 하는 단순한 생각으로 알파벳 하나에 수를 하나씩 대응시키게 된 것이랍니다.

고대 그리스인은 일의 자리와 십의 자리, 백의 자리를 나타내려고 별도의 문자를 할당했습니다. 그래서 모두 27자를 사용하는데, 그리스 문자의 24자 이외에 지금은 쓰이지 않는 옛 문자인 디감마와 스티그마6, 코파90, 삼피900가 사용되었습니다.

α	β	γ	δ	ϵ	$\digamma, \varsigma$	$\sigma\tau$	ζ	η	θ	ι
1	2	3	4	5	6		7	8	9	10

A .... α [알파] 1
B .... β [베타] 2
Γ .... γ [감마] 3
Δ .... δ [델타] 4
E .... ε [엡실론] 5
Z .... ζ [지타] 7
H .... η [이타] 8
Θ .... θ [시타] 9
I .... ι [요타] 10
K .... $\varkappa$ [카파] 20
Λ .... λ [람다] 30
M .... μ [뮤] 40

N .... ν [뉴] 50
Ξ .... ξ [크사이] 60
O .... o [오미크론] 70
Π .... π [파이] 80
P .... ρ [로] 100
Σ .... σ [시그마] 200
T .... τ [타우] 300
Y .... υ [입실론] 400
Φ .... ϕ [파이] 500
X .... χ [카이] 600
Ψ .... ψ [프사이] 700
Ω .... ω [오메가] 800

문자	값	문자	값	문자	값
α	1	ι	10	ρ	100
β	2	$\varkappa$	20	σ	200
γ	3	λ	30	τ	300
δ	4	μ	40	υ	400
ε	5	ν	50	ϕ	500
F, ς, στ	6	ξ	60	χ	600
ζ	7	o	70	ψ	700
η	8	π	80	ω	800
θ	9	ϟ	90	ϡ	900

로마의 숫자

현재도 사용하는 '로마 숫자'는 기원전 고대 로마 때부터 기원후 13세기 말까지 유럽에서 사용했던 숫자로, 모두 7개의 문자로 만들어집니다. 현재의 일상생활에서 대부분 아라비아 숫자를 사용하고 있지만, 지금도 시계의 문자판이나 책의 차례 등과 같이 꾸미기 위한 숫자를 표기하는 데는 로마 숫자가 쓰이고 있습니다.

I	V	X	L	C	D	M
1	5	10	50	100	500	1,000

수의 표현을 그림이 아닌 문자로 표현하고자 했던 그리스와 로마 사람들의 숫자 표기법에 따라 여러분도 다음 수들을 한번 표기해 보세요.

아라비아 숫자	그리스	로마
23		
175		
6,418		

고대 바빌로니아나 이집트, 그리스의 문명권에는 독특한 수 표기 방법, 즉 기수법이 존재해 왔지만 현재는 세계 거의 모든 나라에서 가장 간편한 '아라비아 숫자'의 표기 방법을 사용하고 있습니다.

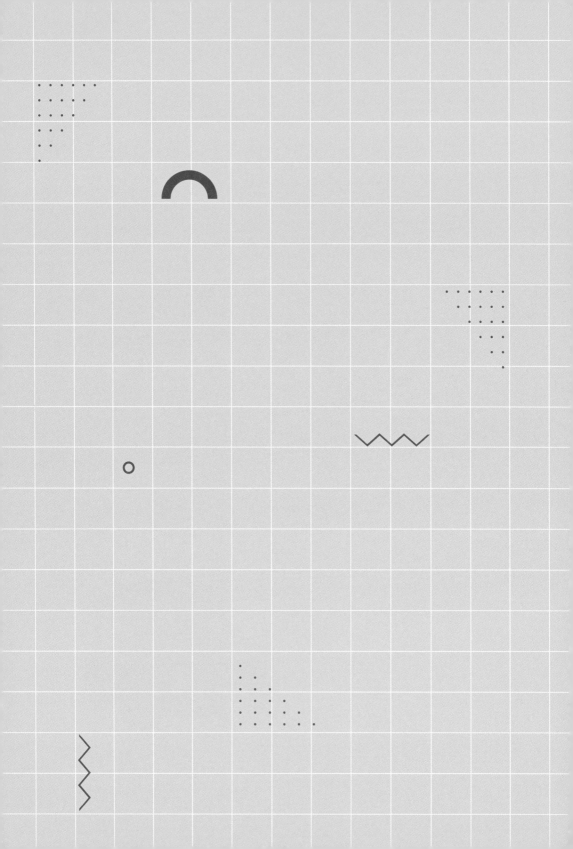

기수법

로마 숫자, 중국 숫자, 인도·아라비아 숫자 등의
기수법을 서로 비교하여 각각의 기능과
특징에 대하여 설명해 줍니다.

1. 로마 숫자의 기수법에 대하여 알아봅니다.
2. 중국 숫자의 기수법에 대하여 알아봅니다.
3. 인도·아라비아 숫자의 기수법에 대하여 알아봅니다.

미리 알면 좋아요

1. **가법적 기수법** 어떤 수를 나타낼 때 그 수가 의미하는 개수만큼의 표식을 반복적으로 나타내어 그 수의 숫자로 대신 표기하는 방식으로 비효율적인 기수법입니다.

2. **승법적 기수법** 어떤 수를 나타낼 때 그 수보다 작은 수에 특정 수를 곱하여 처음 수의 일부분을 간편히 나타내는 방식입니다.

3. **위치적 기수법** 가장 발달한 기수법으로 같은 숫자라 하더라도 위치하고 있는 자리에 따라 다른 값을 나타내는 방식으로 가장 간편한 기수법입니다.

페아노의
일곱 번째 수업

인류는 역사가 진행될수록 문명이 점점 발달하고 그에 따라 더 큰 수를 사용해야 하는 경우가 많아졌습니다. 따라서 점점 큰 수를 간단하게 표시하는 방법이 인류에게 필요했습니다. 즉, 인류 문화의 발전과 함께 수를 기호로 나타내는 기수법 또한 많은 발전을 하였습니다.

이러한 기수법은 크게 두 가지 방법으로 분류해 볼 수 있습니다. 하나는 '절대적 기수법'이고, 다른 하나는 '위치적 기수법'입니다. 절대적 기수법이란, 어느 위치에 써도 한 기호가 나타내는 수의 크기는 일정한 기수법을 말합니다. 이 절대적 기수법에는 큰 수를 표현하기 위해 더하기와 곱하기의 개념을 사용하는데, 이를 각각 '가법적 기수법'과 '승법적 기수법'이라 부릅니다.

나도 잘 모르는 어려운 한자어가 많이 등장하는데, 어려운가요? 사실 별거 아니고 앞에서 다 한 번씩 이야기했던 '수'와 현재 여러분이 사용하는 '수'에 관한 이야기니까 이름이 낯설게 들리더라도 설명만 잘 들으면 충분히 이해할 수 있을 겁니다.

자, 그러면 이번 시간에는 두 가지 기수법에 대해 알아보고, 여러분이 현재 사용하는 아라비아 숫자는 어떤 기수법을 따르고 있는지 공부해 보도록 하겠습니다.

로마의 숫자 - 가법적 기수법

가법적 기수법은 가장 원시적인 기수법입니다. 기본 숫자들을 쭉 늘어놓듯 써 주고, 그것을 하나하나 세어서 덧셈하듯 그 수의 크기를 알아내게 하는 방법이지요. 가장 대표적인 예가 로마의 숫자를 들 수 있습니다. 어디 그러면 로마의 숫자들을 꼼꼼히 살펴볼까요?

로마 숫자는 왼쪽에서 오른쪽으로 쓰고 읽습니다. 같은 숫자들이 나란히 붙어 있으면, 그 숫자들을 모두 더해서 읽으면 됩니다. 하지만 여기에도 규칙이 있습니다. I와 X, C는 세 개까지 붙여 쓸 수 있지만 V, L, D는 여러 개를 붙여 쓰지 않습니다. 붙여 쓰지 않아도 대체할 수 있는 숫자가 있기 때문이지요.

이 숫자들을 가지고 더하기와 빼기의 방법을 사용하면 어떤 수든 만들 수 있습니다. 로마 숫자를 적을 때는 가장 큰 숫자를

앞에 놓고, 이어서 같은 숫자나 그보다 작은 숫자를 씁니다. 그런 다음 이 숫자들을 모두 더해 주지요. 그러나 작은 숫자가 큰 숫자 앞에 놓이면, 큰 수에서 작은 수를 빼 주면 됩니다.

자, 아래의 표를 보세요. 로마의 숫자가 왜 가법적 기수법이라고 말할 수 있는지 알 수 있을 것입니다.

로마 숫자	아라비아 숫자	로마 숫자	아라비아 숫자	로마 숫자	아라비아 숫자	로마 숫자	아라비아 숫자
I	1	XI	11	LX	60	M	1,000
II	2	XII	12	LXX	70	MCM XLV	1,945
III	3	XIII	13	LXXX	80	MCM XCIX	1,999
IIII(IV)	4	XIV	14	XC	90	MM	2,000
V	5	XV	15	C	100	MMD	3,000
VI	6	XIX	19	CC	200	D	5,000
VII	7	XX	20	CD	400		
VIII	8	XXX	30	D	500		
IX	9	XL	40	DCL XVI	666		
X	10	L	50	CM	900		

예를 들어 332를 로마의 숫자로 표시하여 봅시다.

먼저 기본 숫자를 확인하고 C, X, I를 필요한 만큼 반복해서 씁니다. 즉, 100을 나타내는 C를 3번, 10을 나타내는 X를 3번, 1을 나타내는 I를 2번 쓰면 됩니다.

$$332 = CCCXXXII$$

생각보다 더 쉽지요?

로마 숫자는 표기 방법 자체는 단순하지만 큰 수를 기록하려면 길게 써야 하기 때문에 번거로웠습니다. 또한 두 수의 곱셈과 나눗셈뿐만 아니라, 덧셈조차도 어려웠습니다.

이런 이유로 로마 숫자 때문에 몇 년 동안 수학의 발전이 지체되었습니다. 먼 훗날 아주 쉽게 수를 셈할 수 있는 아라비아 숫자가 들어와서야 비로소 수학이 눈부신 발전을 할 수 있게 된 것이지요.

중국의 숫자 - 승법적 기수법

一	二	三	四	五	六	七	八	九	十	百
1	2	3	4	5	6	7	8	9	10	100

승법적 기수법은 곱셈의 원리를 이용한 기수법입니다. 같은 수의 반복된 덧셈을 곱셈으로 간단히 표현하듯이, 숫자 역시 곱셈을 이용하여 보다 간단하게 큰 수를 표현하는 방법입니다. 승법적 기수법의 대표적인 예가 되는 중국의 숫자를 사용하여 설명하겠습니다.

七百二十四

위 중국의 숫자는 724를 나타내고 있습니다. 앞서 설명한 로마의 숫자처럼,

百百百百百百百十十一一一一

와 같이 같은 숫자를 여러 번 쓰는 것이 아니라 百×7, 十×2, 一×4라는 뜻으로 七百二十四라고 쓰는 것이지요. 곱셈의 원리를 이용하여 보다 간결하게 수를 표현할 수 있게 된 것입니다. 가법적 기수법보다는 한 단계 발전한 모습이라고 할 수 있겠죠?

아라비아 숫자 - 위치적 기수법

아라비아 숫자는 기원전 200년경부터 지금까지 사용하는 숫자입니다. 드디어 여러분이 매일 사용하는 숫자를 공부하게 되었네요. 숫자의 역사는 짧지만 사연 많은 아라비아 숫자 이야기, 지금부터 시작하겠습니다.

사실 아라비아 숫자는 인도에서 발명되었습니다. 그런데 왜 아라비아 숫자라고 알려졌을까요?

누가, 언제 발명했는지 정확하게 알려지지 않지만, 인도의 수학자들은 이미 기원전 300년 초에 '1~9'까지의 기호를 사용하고 있었습니다. 기원후 600년까지 우리가 흔히 말하는 '십의 자리', '백의 자리'와 같은 자리 체계와 '영$_0$'을 발명하게 되면서 인도의 수 체계는 더욱 정돈되고 정교해지게 됩니다.

이렇게 만들어진 인도 숫자는 아라비아 상인들에게 남다른 사랑을 받습니다. 배를 타고 이곳저곳을 돌아다니며 무역을 하던 아라비아 상인들에게 정확하고도 간편하게 계산할 수 있는 인도 숫자가 어찌 매력이 없었겠습니까!

이후 인도 숫자는 아라비아인에 의해 유럽에 전해지게 되었습니다. 인도에서 처음 발명되었음에도 0~9까지의 현대 숫자를 아라비아 숫자라고 부르는 이유가 바로 여기에 있지요. 특히 800년경 인도의 콰리즈미라는 사람이 수학에 관한 책을 쓰게 되는데 그 덕분에 세계 곳곳으로 인도숫자체계와 '영$_0$'이 퍼지게 됩니다. 따라서 보다 정확한 이름은 '인도·아라비아 숫자'라고 해야 됩니다.

이름까지 바뀌게 된 숫자. 아라비아 상인들은 무엇 때문에 예전에 쓰던 숫자를 버리고 인도 숫자를 쓰게 되었을까요? 그것은 인도 숫자가 다른 숫자들이 가지고 있지 않은 '자리 체계'와 '영$_0$'이라는 강력한 도구를 가짐으로써, 큰 수를 표기하기에도 간편할 뿐만 아니라 덧셈, 뺄셈, 곱셈 등의 계산도 쉽고 정확하게 할 수 있게 해 주기 때문입니다. 무역을 하며 장사하는 그들에게는 더할 나위 없이 좋은 숫자인 셈이지요.

자리 체계란, 같은 숫자라도 쓰는 위치에 따라 나타내는 수의 크기가 달라지는 것을 말합니다. 아라비아 숫자를 '위치적 기수법'에 따른다고 말하는 이유가 바로 이것입니다.

이해하기 쉽도록, 로마 숫자를 예로 들어 비교해 보겠습니다.

II	11
I+I=II	10+1=11
●+●=●●	●●●●● ●●●●● + ● = ●●●●● ●●●●●

로마 숫자의 경우, II은 I+I로 2, '둘'을 뜻하지만, 아라비아 숫자의 경우 11은 2, '둘'이 아닙니다. 다시 말해 아라비아 숫자는 위치에 따라 같은 숫자라도 뜻하는 수의 크기가 다르므로 로마 숫자처럼 생각하면 안 된다는 뜻입니다.

아라비아 숫자 11에서 앞의 1과 뒤의 1은 각각 10과 1을 뜻합니다. 둘 다 1로 표현하기는 하지만 1을 쓴 위치가 다르기 때문에 다른 크기의 수를 나타내게 되지요. 따라서 11은 2, '둘'이 아니라 10＋1, 즉 '열하나'가 됩니다.

이렇듯 아라비아 수 체계에서는 숫자를 쓰는 자리에 따라 뜻하는 수의 크기를 달리할 수 있기 때문에 일, 십, 백, 천 등의 새

단위를 위한 새로운 기호숫자를 더 만들 필요가 없습니다. 단 10 개의 숫자만으로도 상상을 초월하는 큰 수를 나타낼 수 있게 된 것이지요.

하지만 문제가 생겼습니다. 자리별로 숫자를 쓸 때, 비어 있는 자리를 표시할 수 있는 기호가 필요해진 것이죠. 자리 체계가 사용되면서 그리스나 로마 숫자 체계에서는 생각지도 못했던 영0의 필요성이 절실해졌습니다.

예를 들어 '구백오'를 생각해 봅시다.

백	십	일
9		5

▶ 9 5

백	십	일
9		5

▶ 905

백이 '아홉', 일이 '다섯'인 이 수를 아라비아 숫자로 표시하면 가운데 자리가 비게 됩니다. 잘못하면 95와 헷갈릴 수도 있겠지요? 95와 혼동하지 않고, 계산할 때도 자리를 맞춰 간편하게 나타낼 수 있도록 그 자리가 비어 있다는 것을 나타내는 기호가 필요해집니다. 그때 바로 영0을 사용하는 것이지요.

자, 그럼 로마 숫자, 중국 숫자와 아라비아 숫자를 한번 비교해 볼까요?

먼저 '천구백사십일'을 표현해 보도록 하겠습니다.

	로마 숫자	중국 숫자	인도·아라비아 숫자
천구백사십일	MCMXLI	千九百四十一	1,941

세 숫자의 기수법 사이에서 공통점과 차이점을 찾아봅시다.

로마 숫자와 중국 숫자는 숫자를 어디에 쓰든지 그 숫자가 나타내는 수의 크기는 항상 일정합니다. 로마 숫자 M은 항상 천$1,000$을 나타내고, 중국 숫자 百은 어느 위치에 쓰든지 항상 백100이지요.

반면, 아라비아 숫자는 숫자를 어느 자리에 쓰느냐에 따라 그 숫자가 나타내는 수의 크기가 달라집니다. 1,941에서 제일 왼쪽의 '1'은 천$1,000$을 뜻하지만, 제일 오른쪽의 '1'은 일, 하나1를 뜻하지요.

따라서 아라비아 숫자는 위치적 기수법의 대표적인 예라고 할 수 있습니다.

	로마 숫자	중국 숫자	인도·아라비아 숫자
천구백사십일	MCMXLI	千九百四十一	1,941
차이점	M은 어느 위치에 쓰든지 항상 천1,000이라는 크기를 나타낸다.	百은 어느 위치에 쓰든지 항상 백100이라는 크기를 나타낸다.	'1'은 어느 위치에 쓰느냐에 따라 같은 숫자지만 천1,000을 나타내거나 일1이라는 크기를 나타낸다.

이번에는 덧셈으로 기수법들을 비교하여 보겠습니다.

아래 문제를 여러분이 직접 계산해 보세요. 어느 숫자 체계가 계산하기에 편리합니까?

문제	로마 숫자	중국 숫자	아라비아 숫자
사백십오 + 육백육십육	CDXV +DCLXVI	四百十五 +六百六十六	415 +666

자, 이제 왜 아라비아 상인들이 인도 숫자를, 아니 인도·아라비아 숫자를 사랑했는지 이해가 되었나요?

❶ 고대 로마의 기수법은 '가법적 기수법'의 대표적인 예로 어떤 수를 나타낼 때 그 수가 의미하는 개수만큼의 표식을 누적하여 표시하여 그 수의 숫자로 대신 표기하는 방식으로 비효율적인 기수법입니다.

❷ 중국의 기수법은 '승법적 기수법'의 대표적인 예로 어떤 수를 나타낼 때 그 수보다 작은 수에 특정 수를 곱하여 처음 수의 일부분을 간편히 나타내는 방식입니다.

❸ 우리가 지금 사용하고 있는 인도·아라비아 숫자는 '위치적 기수법'의 대표적인 예로서 가장 발달한 기수법으로 같은 숫자라 하더라도 위치하고 있는 자리에 따라 다른 값을 나타내는 방식의 가장 간편한 기수법입니다.

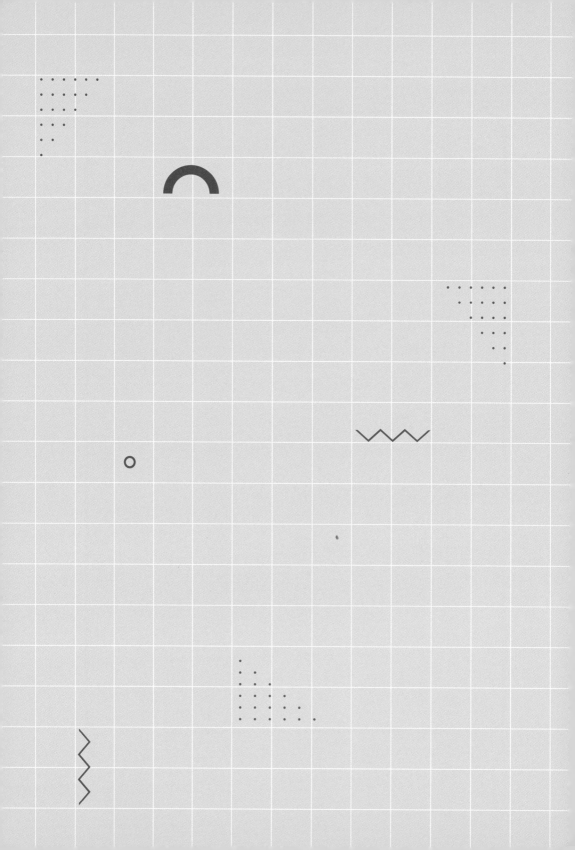

8교시

신비로운
자연수의 비밀

오랜 세월 동안 인류가 각 문화권마다
자연수 각각에 대하여 부여해 온 재미있고 신기한
의미에 대하여 알려 줍니다.

1. 1부터 12까지의 자연수에 부여하는 의미를 재미있게 알아봅니다.
2. 자연수 각각에 의미 부여를 하는 과정이 자연수에 대한 수학적 연구의 시작이 됨을 이해합니다.
3. 완전수, 부족수, 과잉수에 대하여 알아봅니다.

미리 알면 좋아요

수비학 개개의 자연수에 사람, 장소, 사물 등과 관련하여 부여해 줄 수 있는 신비한 의미를 연구하는 것을 말합니다.

페아노의
여덟 번째 수업

　이제까지 자연수의 개념과 숫자의 탄생에 대해 공부하였습니다. 지금까지는 나 페아노가 열심히 연구하였던 자연수가 실생활에서 어떻게 생겨나게 됐는지를 공부한 것입니다. 또한 그 자연수와 그를 표기하는 숫자의 탄생과 발전 과정도 살펴본 것입니다.

　이제 인류는 그런 자연수에 대하여 오랜 수학사 속에서 수학적이면서 동시에 비수학적인 요소들이 뒤섞여 있는 성질을 알아내게 되었습니다. 이번 수업에서는 자연수가 가지는 이처럼 신기한 특성에 대하여 이야기하려고 합니다. 오랜 세월을 거치는 동안 수학자이든 일반 사람들이든 자연수에 대하여 연구하다 보니 자연수가 감춘 특이하고 신기하기까지 한 모습들을 발견하게 됩니다. 이렇게 발견된 특이하고 신기한 자연수의 모습은 현재까지 전해집니다. 그러면 이들에 대하여 하나씩 그 베일을 벗겨 볼까요?

인류 문화사에서 수 개념의 탄생과 거의 역사를 같이하는 것이 바로 자연수입니다. 수의 첫 모습이 바로 자연수였기 때문입니다. 고대 바빌로니아, 이집트, 그리스, 로마, 아라비아까지 나라마다 자연수를 표현하는 기호는 달랐지만 오래전부터 자연수를 사용해 왔습니다.

$$1, 2, 3, 4, 5, \cdots\cdots$$

아라비아 숫자로 표기해 놓았지만 우리가 이 책에서 가장 많이 이야기한 자연수입니다.

그런데 자연수 각각의 수에, 서로 다른 독특한 의미가 담겨 있다는 사실을 알고 있나요?

동양이건 서양이건 대개 특별한 의미가 있는 수가 있게 마련입니다. 예를 들면 행운의 수 '7', 죽음을 의미하는 수 '4', 기독교에서 악마를 의미하는 수 '666' 등을 들 수 있습니다.

이는 오늘날 여러분이 사는 사회에서도 자주 언급되는 숫자들입니다. 특히 '4'와 같은 경우 그 숫자의 발음이 부정적인 의

미가 있는 '사死'와 같아서 한국 사람들이 많이 꺼려하지요. 그래서 건물이나 엘리베이터에서는 '4'대신 'F'라는 기호를 사용하거나, 아예 '4'층을 없는 셈 치고 건너뛰기도 합니다. 눈 가리고 아웅하는 셈이지만 말입니다.

지금의 우리 모습과 같이 고대인도 특정 수는 마법의 힘을 갖고 있어서 일정한 작용을 할 수 있다는 믿음까지 갖고 있었습니다. 고대 인도에서는 수를 신성에 가까운 것으로 생각하기까지 했으니까요. 그래서 미래를 예언하기 위해 '수비학numerology'을 사용하기도 하였습니다.

수비학이란 기본적으로 숫자가 사람, 장소, 사물에 대해 부여해 줄 수 있는 숨겨진 신비한 의미를 공부하는 학문을 말합니다. 라틴어로 숫자number를 의미하는 라틴어 '누메루스numerus'와 사고, 표현 등을 의미하는 희랍어 '로고스logos'에서 나온 말의 합성어로 숫자의 과학으로 풀이될 수도 있습니다. 역사상 많은 수비학 체계가 있었지만 그중에서도 피타고라스Pythagoras의 수비학이 가장 널리 알려졌습니다. 그 이유는 피타고라스가 중심이 되어 만들었던 피타고라스학파가 유난히도 종교 집단과 같은 성격을 강하게 띠면서 수학을 연구했기 때문입니다.

자, 고대인이 믿었던 수가 가지는 신비한 의미⋯⋯. 궁금하지 않나요?

지금부터 1에서 12까지의 수가 수비학적으로 어떤 의미가 있는지 살펴보도록 하겠습니다.

1은 첫 번째 홀수로 남성을 나타내며 유일무이唯一無二 또는 모든 것의 시작을 나타내는 수입니다. 피타고라스학파에서 1은 수의 아버지이며 점點을 상징하였습니다.

2는 첫 번째 짝수로 여성을 나타내며 반대, 대칭, 결합, 협조, 공조, 사랑과 미움, 합의, 이견, 이중성 등을 나타내기도 합니다. 한때 2라는 숫자는 이원성과 1이라는 통일체에 대한 거부로 여겨졌기 때문에 악의 기원으로 여겨지기도 하였으나 문화, 진리, 아름다움을 상징하는 수임과 동시에 우정과 사랑의 수로 생각하기도 했습니다. 피타고라스학파에서의 2는 수의 어머니이며 착함을 상징하였습니다.

3은 창의, 창조성, 표현, 사교성, 낙관주의, 삼각형의 형상, 평행, 대치되는 두 선을 연결하여 생성되는 창조적인 접점을 뜻합니다. 플라톤학파에서는 3이 세상을 구성하는 세 가지 본질인 물질, 이데아, 신神을 나타내기도 합니다. 또한 사람의 눈이 인식할 수 있는 3차원의 세상을 의미하기도 합니다. 한국인뿐만 아니라 여러 민족의 사람이 3이라는 수를 대체로 좋아하여 3은 행운의 수이며, 시작과 중간과 끝을 의미하는 수로 사용되었습니다.

특히 피타고라스학파에서는 수의 시작이 3부터라고 주장하였습니다. 1과 2가 본질적 요소이며 기초적인 수이기 때문에 3이 진짜 첫 번째 수가 된다고 생각한 것이지요. 3은 면面의 이미지로서뿐만 아니라 처음과 중간 그리고 마지막을 갖는 수로서 모든 현상을 나타내는 수라고 주장하였습니다.

4는 정사각형, 질서, 방법, 일, 엄격, 안정, 동서남북, 사계절, 4대 원소, 달의 4주기 등의 수비적 의미를 포함하고 있습니다. 이집트와 바빌로니아에서는 완전함을 의미하는 수이기도 하였지요. 피타고라스학파에서 4는 지식의 수이며 세상의 수로 여겼습니다. 제곱수, 4원소물, 불, 공기, 흙, 4가지 미덕절제, 정의, 용기, 지혜 등의 표현에 쓰였고 4방위동, 서, 남, 북, 사계절, 4가지 바람동풍, 서풍, 남풍, 북풍 등을 의미하였습니다.

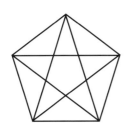

5는 행운과 성스러움의 수로, 수비적으로 5는 유동성, 움직임, 변화, 자유, 소통, 독립 등을 나타냅니다. 고대 로마의 결혼식에서는 5개의 양초를 태웠고,

이슬람에서는 보통 하루에 5번 기도를 드렸습니다. 상징적 기호로서 오광성五光星 모양의 펜타그램pentagram은 성당 기사단의 상징으로 악마를 물리치는 강력한 수호 부적이기도 하였습니다. 피타고라스학파에서 5는 결혼의 수였습니다.

남성적인 수 3과 여성적인 수 2를 더해서 5를 만들 수 있기 때문이죠. 결혼의 수 5는 모든 살아 있는 것을 포용하는 자연의

모습을 나타내는 수로 5가지 본질火, 水, 木, 金, 土, 음악에서의 조화를 이루는 5도 음2:3의 비, 우주에 있는 5가지 창조물행성, 물고기, 새, 동물, 인간 그리고 인간의 오감시각, 청각, 촉각, 후각, 미각 등을 의미합니다.

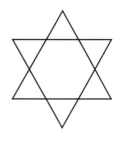

6은 사랑, 책임, 화해, 타협, 풍요로움, 가정, 조화의 추구를 의미하는 수이며 완전수입니다. 상징적 기호로서 흔히 육광성六光星은 방위를 나타내는 기호입니다. 북극성을 기준으로 정 반대편이 남쪽, 해가 뜨는 하지의 일출점과 일몰점, 동지의 일출점과 일몰점을 기호로 나타내고, 이 각 꼭짓점을 이은 두 개의 정삼각형이 겹친 기호가 바로 다비드의 별로 널리 알려진 육광성 기호입니다. 헥사그램hexagram이라고도 하는 육광성은 방위를 나타낼 뿐만 아니라 악을 몰아내는 부적으로 사용되었습니다. 피타고라스학파에서 6은 여성적 결혼의 수로 미의 여신 비너스처럼 아름다운 완전수를 의미하였습니다.

7은 영혼을 나타내는 숫자로 심사숙고, 비밀, 내성적, 내면화, 고독, 일주일 등의 의미가 있습니다. 또 7을 3과 4의 합으로 보고 3의 시간에 관한 관념달의 세 단계, 초승달·반달·보름달과 4의 공간에 관한 관념동서남북의 네 방위이 결합하여 성례적 의미를 지니고 있기도 하죠.

육안으로 확인되는 행성이 7개이기 때문에 하늘이 7개의 층으로 이루어져 있다는 신화적 관념에 따라 메소포타미아 문명에서부터 일주일은 7일로 되어 있었고 이에 따라 각각의 하루하루를 태양, 달, 화성, 수성, 목성, 금성, 토성에 헌사하고 있었습니다. 고대 중세 시대 교회에서는 7이라는 상징을 사용하여 7개의 성스러운 보석—수정crystal(생명력), 청석(통찰력), 녹옥emerald(다재다능함), 황옥topaz(친절), 마노(우아함), 석류석garnet(신앙), 자수정amethys(기도)—으로 제단을 장식하기도 하였습니다. 피타고라스학파에서 7은 시작하는 수의 사촌 격으로 어떤 수로도 생성될 수 없어서 처녀 수로 불리며 특별히 취급해야 하는 수로 여겨졌습니다.

8은 힘을 상징하는 수로 힘, 통제, 제어, 건설, 물질, 권위, 무한대 등의 의미가 있습니다. 특히 이집트인들이 8이라는 숫자를 즐겨 사용하였는데 그들은 8을 재생을 상징하는 수로 여겼습니다. 그래서 나일강으로 향하는 성스러운 행렬은 8명의 사람으로 구성하기도 했지요. 피타고라스학파에서 8은 세제곱수로서 사랑과 우정 그리고 지혜와 창조적 사고의 수로 여겨졌습니다.

9는 완전함을 나타내는 수로, 수비적으로는 광범위한 소통, 이타주의, 인본주의 등을 나타내는 수입니다. 뱀의 9개의 머리, 마녀의 9남매, 고양이의 9개의 목숨, 셰익스피어 작품의 마녀들의 아홉 번씩 외우는 주문 등은 9라는 수가 지하적地下的인 의미가 있기 때문에 나타난 이야기들입니다. 이는 땅이 팔방과 그 중심으로 이루어져 있다는 관념에서 생겨났습니다. 즉, 팔방으로 이루어진 땅의 중심인 아홉 번째 영역에는 지하 세계의 신이 존재한다는 것이지요. 또한 동양에서는 왕이나 황제가 유독 9라는 수와 관련이 많은데, 이 역시 황제와 왕이 원래는 지신地神 그 자체이거나 지신으로부터 권위를 부여받은 자로 여겨졌기 때문입니다. 피타고라스학파에서 9는 3의 제곱수로서 협조, 일치, 동화를 나타냅니다. 또한 한계가 있는 수이며 태양의 수이기도 하지요.

10은 절대성, 이해력을 상징하는 수로 10이라는 숫자를 구성하는 두 요소 1＋0은 영원한 시작을 뜻하고 부활, 새로운 변화를 의미합니다. 10과 관련해 가장 중요한 상징은 십계명이겠지요? 피타고라스학파에서 1＋2＋3＋4＝10을 테트락티스

tetraktys라 했는데, 이는 우주적인 개념으로 전체, 완성, 달성 등을 의미합니다. 10은 모든 수의 합이며 전 세계를 품고 있다고 하여 모든 완전수 중의 완전수이며 우주적인 수로 여겨졌습니다. 영원을 움직일 수 있는 이미지를 갖게 된 것이지요.

11은 앞의 수나 12보다 부여되는 의미가 별로 없는 수입니다. 11은 죄, 과실, 위험과 같은 부정적 의미를 나타내는 수로 인식

해 왔습니다.

　12는 보통 완전한 숫자로 많이 간주하는데 이는 1년이 12개의 달로 이루어져 있기 때문입니다. 수비학적으로는 하늘의 수인 3과 땅의 수인 4를 곱한 수로, 하늘의 수와 땅의 수를 곱한 수는 완전하고 꽉 찬 수가 된다는 의미가 있습니다. 또한 12간지, 황도의 12궁도, 1년의 열두 달, 12시간, 헤라클레스의 12가지 과업, 야곱의 열두 아들, 이스라엘의 12지파, 예수님의 열두 제자 등 상징체계에서 12는 아주 중요한 숫자이지요.

완전수, 부족수, 과잉수

　요즘은 남녀 모두 결혼 연령이 점차 높아지고 있지만, 결혼하기에 가장 적합한 나이가 수학적으로 28세라고 믿었던 시절이 있었습니다. 왜 하필 28세였을까요?

　이는 28이 완전수라는 사실에서 비롯됩니다. 28의 약수는 1, 2, 4, 7, 14, 28인데, 이 중 28을 제외한 나머지 약수를 더하면 28이 되죠. 이처럼 자기 자신을 제외한 약수를 모두 더한 것이 그 수와 같아지는 수를 '완전수perfect number'라고 합니다.

자연수 중 가장 작은 완전수는 6입니다. 수에 큰 의미를 부여
했던 피타고라스학파는 6이 완전수라는 사실과 하느님이 엿새
동안 우주 만물을 창조하셨다는 사실을 연결짓기도 하였지요.

이에 반해 8의 경우 약수인 1, 2, 4, 8 중 자기 자신인 8을 제
외한 합은 $7_{1+2+4=7}$이므로 8보다 작습니다. 이러한 수를 '부족

수deficient number'라고 합니다. 노아의 방주에는 8명의 사람이 탔는데, 8이 부족수이기 때문에 하느님의 두 번째 창조는 불완전하다는 해석이 나오기도 했습니다.

마지막으로 '과잉수abundant number'는 12와 같이 자기 자신을 제외한 약수를 더하면 $16_{1+2+3+4+6=16}$이 되는 것과 같이 자기 자신을 제외한 약수의 합이 자신보다 큰 경우를 말합니다.

자, 그러면 나 페아노는 다음 문제를 내고 이 강의를 모두 마치고자 합니다.

문제 풀기

⑴ 1~50까지의 수중에서 완전수를 모두 찾아보시오.
⑵ 1과 자기 자신만으로 나누어지는 1보다 큰 자연수를 '소수'라고 합니다. 소수는 항상 부족수랍니다. 왜 그런지 그 이유를 설명해 보시오.

지금까지 강의를 열심히 들은 사람은 충분히 재미있고 쉽게 이 문제를 풀 수 있습니다. 여러분 모두에게 행운의 수 7을 보내 드립니다.

수업 정리

인류는 오랜 세월을 거치는 동안 수학자이든 일반인이든 자연
수를 연구하거나 사용해 오면서 자연수가 보여 주는 특이하고
신기한 여러 성질 때문에 각 자연수마다 그 문화권 특유의 의
미를 부여해 오고 있습니다.

NEW 수학자가 들려주는 수학 이야기 04

페아노가 들려주는 자연수 이야기

ⓒ 백석윤, 2009

2판 1쇄 인쇄일 | 2025년 2월 20일
2판 1쇄 발행일 | 2025년 3월 6일

지은이 | 백석윤
펴낸이 | 정은영
펴낸곳 | (주)자음과모음

출판등록 | 2001년 11월 28일 제2001-000259호
주소 | 10881 경기도 파주시 회동길 325-20
전화 | 편집부 (02)324-2347, 경영지원부 (02)325-6047
팩스 | 편집부 (02)324-2348, 경영지원부 (02)2648-1311
e-mail | jamoteen@jamobook.com

ISBN 978-89-544-5200-7 44410
      978-89-544-5196-3 (세트)